国家级示范性高等院校精品规划教材

XML 程序设计

周从军　曾　鸿　周竞鸿　王勤龙/编著

内 容 提 要

本书按照 XML 及其应用的实际工作过程，通过案例详细地介绍了 XML 语言的使用方法。第一部分（第 1 章）是 XML 基础知识；第二部分（第 2 章和第 3 章）是 XML 数据的有效性定义，包括 DTD 技术和 XML Schema 技术；第三部分（第 4 章和第 5 章）是 XML 数据的显示，包括 CSS 和 XSL 技术；第四部分（第 6 章）是在 HTML 中嵌入 XML 数据及其显示技术；第五部分（第 7 章）是使用 DOM 访问和修改 XML 文档。

本书采用任务驱动的方式进行编写，每一部分内容都给出了相应的应用环境及解决步骤和方法，方便读者掌握 XML 在实际应用中的工作方法。本书可作为高职高专学生学习 XML 技术的专用教材，也可以作为程序员学习 XML 技术的参考资料。

图书在版编目（CIP）数据

XML 程序设计/周从军等编著. —天津：天津大学出版社，2010.3(2014.3 重印)
国家级示范性高等院校精品规划教材
ISBN 978-7-5618-3415-2

Ⅰ. ① X… Ⅱ. ① 周… Ⅲ. ① 可扩充语言，XML—程序设计—高等学校—教材 Ⅳ. ① TP312

中国版本图书馆 CIP 数据核字（2010）第 034295 号

出版发行 天津大学出版社
出 版 人 杨欢
地 址 天津市卫津路 92 号天津大学内（邮编：300072）
电 话 发行部：022-27403647
网 址 publish. tju. edu. cn
印 刷 天津泰宇印务有限公司
经 销 全国各地新华书店
开 本 185mm×260mm
印 张 11.75
字 数 270 千
版 次 2010 年 3 月第 1 版
印 次 2014 年 3 月第 2 次
定 价 29.00 元

前　言

XML即可扩展标记语言（Extensible Markup Language），是一种与平台无关的表示数据的方法。简单地说，使用XML创建的数据可以被任何应用程序在任何平台上读取，它是标准通用标记语言SGML（Standard Generalized Markup Language）的一个子集，兼有超文本标记语言HTML（Hyper Text Markup Language）和SGML二者之长，既全面通用，又简洁明晰。XML的使用正越来越普及，越来越多的领域或环境下都采用XML来实现需要的功能。

本书按照XML及其应用的实际工作过程，采用“案例教学、任务驱动”模式来编写。每章都先提出在XML应用中必须解决的某一问题，然后根据问题精心设计了案例，并将案例分解为若干任务。针对提出的任务，再对所需的知识点进行讲授，最后利用相关知识解决问题。每章都有相应的实训项目和习题，可以帮助学生进一步巩固所学知识。通过本书，读者既掌握了XML的相关知识，也熟悉了XML在实际工作中的应用方法。

本书详细地介绍了XML语言的使用方法，从具体问题入手，通过大量的程序实例来讲述XML语法，使用DTD和XML Schema定义XML文档的结构，使用CSS和XSL格式化XML文档，使用数据岛显示XML数据，使用DOM访问和修改XML文档。

本书由湖北国土资源职业学院的周从军、周竞鸿，湖北职业技术学院的王斌，襄樊职业技术学院的曾鸿、王勤龙共同编著。周竞鸿编著第1章，曾鸿编著第2章、第3章，王勤龙编著第4章，王斌编著第6章，周从军编著第5章、第7章。全书由周从军统稿。咸宁职业技术学院的胡新和教授审阅了全书，并提出了许多宝贵意见和建议。

由于编者水平有限，编写时间仓促，书中难免有不妥之处，敬请广大读者批评指正，以便下次修订时完善。

《XML程序设计》编委会

2010年3月

目　录

第1章 XML基础

> **本章将介绍以下内容：**
> 1. XML 文档的基本结构
> 2. 创建 XML 文档的方法
> 3. XML 文档的编码问题
> 4. 检查 XML 文档良构性的方法

1.1 XML 简介

XML 是 Extensible Markup Language 的缩写，是由万维网联盟（World Wide Web Consortium，W3C）定义的一种语言，意为可扩展的标记语言。所谓可扩展，是指 XML 允许用户按照 XML 规则自定义标记。标记语言，则特指用一系列约定好的标记来对电子文档进行标记，以实现对电子文档的语义、结构、格式的定义。与 XML 相关的标记语言有 SGML 和 HTML。

SGML 是 Standard Generalized Markup Language 的缩写，意为标准通用标记语言。该语言从 1986 年通过国际标准化组织（ISO）的认证开始而被大家普遍接受。SGML 是一种元语言（Meta Language），具有良好的扩展性，可以用于定义新的语言。该标准定义独立于平台和应用的文本文档的格式、索引和链接信息，为用户提供一种类似于语法的机制，用来定义文档的结构和指示文档结构的标签。但由于这种语言的复杂程度和难度都很高，因而这种语言还没有被广泛应用。

HTML 是 Hyper Text Markup Language 的缩写，意为超文本标记语言。它是一种专门用于格式化 Web 数据的语言。该语言简单明了，在 Web 技术的推广方面，起了很大的作用，几乎使所有的人都可以将自己创建的文档和网页通过 Internet 共享给其他人。超文本指的是，因为它可以加入图片、声音、动画、影视等内容，并且它可以从一个文件跳转到另一个文件，与世界各地主机的文件连接，通过 HTML 可以表现出丰富多彩的设计风格，所以它的每个标记都有特定的含义，代表一种页面的设置方法，规定数据显示的格式。HTML 是基于 SGML，而 W3C 将 HTML 规定为在互联网上发布信息的标记语言，它的所有标记被作为标准而固定了下来，即是使用固定标签集的一种 SGML 文档，被称为一种“SGML 应用”。因此，HTML 不属于元语言，它不能用于定义其他标记语言。

为了使万维网技术扩展到文档处理和数据交换的领域，W3C 推出了XML。而 XML是 SGML 的一个子集，设计它的目的是便于能够在 Internet 上进行数据交换。它有如下优点。

1）具有可扩充性。XML 最明显的特点在于它可以创建标记和文法结构。正是这种优点使得用户能够根据自己的特殊需要制订出适用于自身的一套标记和文法结构，以便于结构化地描述自己领域的信息，从而提供一种处理数据的最佳方式。所以才会有那么多其他语言可以用 XML 来制订，例如矢量标记语言（VML）、音乐标记语言（MML）、资源描述语言（RDF）、无线标记语言（WML）等。

2）具有自我描述数据的功能。除了可以使用标记与属性来描述数据的意义之外，XML 还提供了可用来描述文件结构的DTD与XML Schema。可根据DTD和XML Schema对XML文档的内容进行检验。

3）具有一种数据多种显示的功能。XML 的一个优点就在于它将信息的数据部分和信息的样式显示部分进行了区分。在一个 XML 文档中，只保存表示信息的数据，并不决定这些数据的显示样式，数据的样式显示部分是由其他语言来解决的（通常是 CSS 和 XSL），这样就可以给同一份数据添加多种样式，从而得到多种显示效果。这是使用 HTML 不可能做到的。

4）实现数据的分布式处理。XML 是一种针对 Internet 而设计的标记语言，一个保存有数据的 XML 文档可以在 Internet 上自由传送。当 XML 格式的数据被发送给客户端后，客户可以通过应用软件从 XML 文档中提取出这些数据，进而对它进行编辑和处理，而不仅仅是显示结果。XML 文件对象模型（Document Object Model）允许用脚本和其他编程语言处理 XML 格式的数据。该种情况下的数据处理可以在客户端完成，而没有必要回到 WWW 服务器上，此种方法节省了 Internet 上的数据带宽。而且将原来必须由服务器处理的许多负载都分配到了客户端上，从而降低了服务器的负担，优化了服务器的性能。

5）实现不同数据源之间的数据交换。XML 是以文本形式来描述的一种文件格式，因此具有跨平台的能力。XML 的跨平台特性还在于它提供了一种不同的数据源之间进行数据交换的公共标准，是一种公共的交互平台。一种数据源只要将它的数据表示成 XML 格式就能被另一种数据源有效地识别，从而可以在各种不同的平台环境下实现数据交换。

6）简单易学且功能强大。HTML 的成功很大程度上在于它的简单性，这种简单性对于 HTML 的推广，甚至对于 Internet 的普及都起到了不可忽视的作用。同样，XML 标记语言也具有这种简单易学的特性，这也是 XML 标记语言创立之初的一个重要目标，另一方面，它的功能也十分强大。XML 本身就是 SGML 的一个子集，是一种专门应用在 Internet 上的 SGML 文档，因而 XML 充分继承了 SGML 的优点，也克服了 SGML 极其复杂的缺点。XML 和 HTML 都是 SGML 的一部分，都是 SGML 在特殊形式下的特殊表现。但 HTML 过于简化，只适用于信息的样式描述，而不适用于信息的结构化表述，XML 的出现正是为了弥补这种缺陷。XML 的出现尽管要替代 HTML 在 Internet 上的主角地位，但 XML 并不能完全取代 HTML，这是因为 XML 和 HTML 在 Internet 上充当的角色并不是完全一样的。HTML 关心的是信息在浏览器中的显示效果，而 XML 关心的则是信息的保存方式，不但 HTML 不能被 XML 所取代，从某种意义上讲，XML 还离不开 HTML，因为 XML 的数据显示往往要被转变成为 HTML 文档，才能被浏览器识别。因此 XML 并不能取代 HTML，它们各有所长，但从长远意义上讲，XML 定将在 Internet 上占据主导地位。

1.2　创建一个 XML 文档

在实际应用中，XML 发挥着巨大的作用，在很多领域和环境下都采用 XML 来实现需要的特定功能。下面就通过一个实例来说明 XML 的作用。

案例　创建 XML 文档并检查该文档的良构性

问题陈述：学校需要开发一个教材管理系统，希望该管理系统能很方便地共享使用学校其他管理系统（如学籍管理系统、教务管理系统）中的数据，比如系部信息、班级信息、学生信息、课程信息等，该管理系统的数据也可以提供给其他系统共享使用，比如教材信息。现有的这些管理系统使用的硬件和软件平台可以不相同。根据这一需要，确定班级信息的存储方案。班级信息包括班号、班级名称、班级人数、所属专业编号、所属系部编号。

解决上述问题，需要完成以下任务。

任务 1：确定存储数据的方法。

任务 2：确定存储数据的文档格式。

任务 3：创建一个 XML 文档存储数据。

任务 4：检查文档格式的正确性。

任务 1　确定存储数据的方法

若在不同平台交换数据信息，常会发生数据格式不同的问题，从而给信息交换带来困扰，XML 文档可以用来解决这一问题。

由于 XML 是以文本形式来描述的一种文件格式，因此具有跨平台的能力，可以在各种不同的平台环境下实现数据交换。XML 无处不在、发展迅速，众多软件开发商都采用了 XML 标准。

因此，在本章的问题陈述中，当教材管理系统、学籍管理系统、教务管理系统等均要共享班级信息、学生信息、课程信息、教材信息等数据时，可以将这些数据信息存储为 XML 文档的格式。

任务 2　确定存储数据的文档格式

1．XML 文档结构

在确定需要将数据存储到一个 XML 文档之后，首先我们来了解 XML 文档结构，然后针对本节提出的问题，确定存储数据的文档格式。

XML 的文档结构可以从逻辑结构和物理结构两个方面来说明。

从逻辑结构上讲，一个 XML 文档通常以一个 XML 声明开始，通过 XML 元素来组织 XML 数据。XML 元素包括标记和字符数据。为了组织数据更加方便、清晰，我们还可以在字符数据中引入 CDATA 段，并可以在文档中引入注释。此外，由于有时需要给 XML 处理程序提供一些指示信息，XML 文档中可以包含处理指令。

例如，一个包含班级信息的 XML 文档结构如下：

```
<?xml version="1.0" encoding="GB2312" ?>
<所有班级>
    <班级信息 班号="0806130301">
      <班级名称>高网 0301 班</班级名称>
      <班级人数>44</班级人数>
    </班级信息>
    <班级信息 班号="0806130302">
      <班级名称>高网 0302 班</班级名称>
      <班级人数>45</班级人数>
    </班级信息>
</所有班级>
```

如果将 XML 文档看成一个逻辑整体，就可以将 XML 文档看成是由若干个节点组成，每个节点都是一个文档的逻辑组成部分，同时，一个节点还可以再包含若干个节点。因此，可以说文档的结构如同一个树型结构，上例对应的文档结构如图 1-1 所示。其中，DOCUMENT 部分称为文档元素，是文档的根，但它不同于文档的根标记，所有 XML 文档的根都是一样的，它是一个 XML 文档的入口。它包含两个子节点——XML 声明和整个文档的根标记（所有班级）。根标记下面包含的元素称为子元素，子元素又可以包含子元素，包含子元素的元素（根元素除外）称为枝，不包含子元素的元素称为叶子。同时，可以为元素添加说明信息，用来说明元素特征的，称为属性。

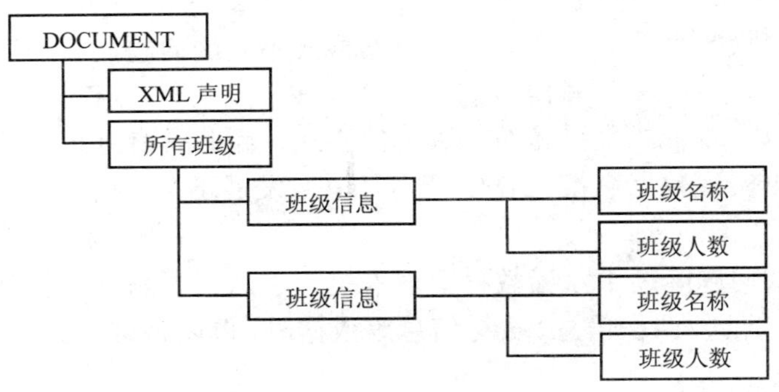

图 1-1　文档结构图

从物理结构上讲，XML 文档是由一个或多个存储单元构成的，这些存储单元就是所谓的实体。每个 XML 文档都有一个“文档实体”。这个实体是由 XML 本身给出的，无需显式定义就可以使用，它指的其实就是整个文档的内容，是 XML 语法分析器处理的起点。除此之外，在 XML 文档中还可以定义其他实体，每个实体都是有内容的，并且每个实体都有自己的实体名称。采用实体的方式有利于对一个大型的 XML 文档进行分解，从而降低编辑 XML 文档的软、硬件要求，例如可以将文档分解成可处理的字节块，从而在编辑时降低对内存大小的要求。由此看出，XML 文档的物理结构降低了文档管理和维护的复杂性。

2．良构性和有效性

XML 文件是由标记及其所标记的内容构成的文本文件，与 HTML 文件不同的是，这些标记可自由定义，其目的是使得 XML 文件能够很好地体现数据的结构和含义。但是，XML 文件必须符合一定的语法规则，只有符合这些语法规则，XML 文件才可以被 XML 解析器解析。XML 文件分为良构的 XML（Well-Formed XML）和有效的 XML（Validated XML）。

具有良构性的 XML 文档必须满足以下规则。

1）XML 文档必须以 XML 声明作为开始。

2）每个 XML 文档必须有一个根标记，也只能有一个根标记。

3）除了内容为空的标记之外，标记的开始和标记的结束必须配对使用。

4）内容为空的标记结尾必须加上“/”，这种标记称为“空标记”。

5）标记名称与属性名称必须合法，且区分大小写。

6）属性的值必须加引号。

7）标记可以嵌套子标记，但是两个标记之间不能有重叠域。

8）特殊字符必须使用 XML 中特定的编号来表示。

9）各种指令，如注释、处理指令，必须正确编写和放置在文档的正确位置。

【例 1.1】 非良构的 XML 文档

```
<?xml version="1.0" encoding="GB2312" ?>
<所有班级>
<班级信息 1>
<班级名称>高网 0301 班</班级名称>
<班级人数>44</班级人数>
<班级信息 2><!--错误二-->
</班级信息 1>
<班级名称>高网 0302 班</班级名称>
<班级人数>45</班级人数>
</班级信息 2>
</所有班级>
<所有班级></所有班级><!--错误一-->
```

在例 1.1 中，出现了两个根元素<所有班级>，而良构性规定每个 XML 文档只能有一个根元素，这是错误一；另外，在元素<班级信息 1>中又包含了元素<班级信息 2>的一部分声明，导致了元素之间产生重叠域，这是错误二。

一个有效的 XML 文档首先必须是一个结构良好的 XML 文档，同时还必须符合额外的一些约束。这些额外的约束是利用 DTD 验证或 XML Schema 验证。我们可以利用 DTD 或 XML Schema 来检查 XML 文档是否与规定的格式一致，若是一致的，则该文档是有效的 XML 文档，否则该文档就不具备有效性。有关 DTD 和 XML Schema 相关内容，将在第 2 章和第 3 章讲解。

3．XML 声明

一个良构的 XML 文档应当以 XML 声明作为 XML 文档的第一行，前面不能有空白、注释或其他处理指令。它包括 XML 版本信息、编码属性和独立属性等。

一个完整的 XML 声明语法格式如下：

<?xml version="1.0" encoding="编码" standalone="yes/no" ?>

1）version 属性：不能省略且必须在属性列表中排在第一位，指明所采用的 XML 版本号，值为“1.0”。该属性用来保证对 XML 未来版本的支持。目前 XML 最新的版本为 1.1，但推荐使用 W3C 于 2000 年发布的 XML1.0 版。

2）encoding 属性：可选，指定了文档的编码系统，即规定了 XML 文档采用哪种字符集进行编码。如果未指定该属性的值，其默认值为 UTF-8。

XML 的常用编码属性值如下。

①“UTF-8”：标记和内容可以使用汉字、日文、英文。

②“GB2312”：标记和内容可以使用 ASCII 字符和汉字。

③“ISO-8859-1”：标记和内容只能是 ASCII 字符。

采用 UTF-8 编码的 XML 文件必须选择 UTF-8 编码来保存，其他编码属性的 XML 文件必须选择 ANSI 编码来保存。

3）standalone 属性：可选，值为“yes”或“no”，以说明 XML 文件是独立的，还是与其他文档有关联的。该属性的默认值是“no”。

若以班级信息（班级信息中包含中文标记）模板为例，可以设置其 XML 声明为：

<?xml version="1.0" encoding="UTF-8" ?>或<?xml version="1.0" encoding="GB2312" ?>

4．处理指令

注意，XML 声明的标签用“<?”开始，用“?>”结束，称为处理指令。除了 XML 声明这一特殊的处理指令外，在 XML 文档中还可以包含其他处理指令。处理指令是包含在 XML 文档中的一些命令性语句，目的是告诉 XML 处理一些信息或执行一定的动作，例如 XML 声明就是告诉 XML 解析器，该文档遵守 XML 1.0 规范，就按照 XML 1.0 的要求来检查。关于其他方面的处理指令，将在后面进一步说明。

处理指令的格式为：

<?...?>

5．标记

XML 是基于文本的标记语言，可以在 XML 文档中添加标记，使文档数据结构清晰而变得容易处理。XML 标记提供和描述 XML 文件或实体的内容结构，其结构与 HTML 基本相同。

标记的种类有很多，如开始标记、结束标记、空元素标记、实体引用标记、字符引用标记、处理指令标记、注释标记、文档类型声明标记、CDATA 标记等。

XML 标记的基本格式为：使用“<”和“>”来界定标记，例如<姓名>、</姓名>、<name>、</name>都是合法的标记。

XML 标记也可以分为非空标记和空标记两种类型。

非空标记必须由开始标记与结束标记组成，两者之间是标记内容。开始标记以“<”开始、“>”为止，中间是标记名称；结束标记以“</”开始、“>”为止，中间是标记名称。

空标记中不包含任何内容，将所有信息全部存储在属性中，而不存储在内容中。它告诉 XML 应用程序执行某个动作或显示对象。

空标记的语法格式为：<标记名 属性列表/>

例如：<班级 名称="高网 0301 班"/>

值得注意的是，在标记“<”和标记名之间不能有空格，但在标记“/>”前面可以有空格和换行符。例如：< 班级 名称="高网 0301 班" />就是错误的。

【例 1.2】非空标记和空标记

```
<?xml version="1.0" encoding="GB2312"?>
<班级信息>
    <班级名称>高网 0301 班</班级名称>
    <班级人数/>
</班级信息>
```

对于标记有以下语法规定。

1）标记必不可少，任何一个格式良好的 XML 文档中至少要有一个元素。

2）区分大小写。

3）要有正确的结束标记。结束标记除了要和起始标记在拼写和大小写上完全相同，还必须在前面加上一个斜杠“/”。当一对标记之间没有任何文本内容时，可以不写结束标记，而在起始标记的最后冠以斜杠“/”来确认，这样的标记称为“空标记”。

4）标记要正确嵌套。

5）标记命名要合法。

6）有效使用属性。

与 HTML 不同的是，XML 标记区分大小写，其中包括元素的标记名和属性。例如，<name>≠<NAME>，<name>≠<Name>。

另外，在 HTML 中使用<P>，不加</P>是合法的。XML 严格要求标记需要配对出现，每个开始标记都必须跟随着出现结束标记，但如下四种标记例外。

1）空元素标记：空元素标记不包括任何内容，它将所有信息全部存储在属性中，而不存储在内容中，它告诉 XML 应用程序执行某个动作或显示对象。

2）处理指令：处理指令的格式是<?PI-target instruction ?>，它不需要结束标记。

3）注释标记：与 HTML 的注释指令相同，格式是<!--注释内容-->，不需要结束标记。

4）CDATA 标记：它用于处理让浏览器或应用软件在对 XML 文档进行解析时，将 CDATA 标记出来的数据视为纯字符数据而不解析它。

6．元素

元素是 XML 文档最基本的单位，它包含了标记、元素内容、属性等内容。元素以树形分层结构排列，可以嵌套在其他元素中。一个元素包含一个起始标记、一个结束标记以及标记之间的数据内容。开始标记和结束标记用来描述标记之间的数据内容，标记之间的数据内容是元素的值。一个文档可以包含多个标记名相同的元素。

在 XML 文档中，元素又可以分为非空元素和空元素两种类型，其语法格式分别如下。

（1）非空元素

<开始标记 属性列表>数据内容</结束标记>

或

<开始标记>数据内容</结束标记>

（2）空元素

<空标记名 属性列表/>

或

<空标记名/>

例如，<班级名称>高网 0301 班</班级名称>就是一个非空元素，如果把非空元素的内容放到属性中，则变成一个空元素，如<班级 名称= "高网 0301 班"></班级>。

XML 元素的标记名可以任意命名，但命名时必须遵守以下规则。

1）标记名必须是以字母或者下划线（_）开始，后继字符可以是一个或者多个数字、字母、句点（.）和连字符（-），名称不允许为空，至少含有一个字母。

2）标记名不能包含冒号（:），因为冒号被用于定义名称空间。

3）尽量不要使用以 xml（任意大小写字母组合）为前缀的命名方式。

4）标记名中不能包含空格。

以下作为元素的标记名是正确的：

name M _name name_ name1 name.n1 姓_名

以下标记名是错误的：

na me（出现空格）

na:me（出现冒号）

xmlname（不能使用 xml 开头）

5m（数字开头）

姓 名（出现空格）

XML 处理器会将开始标记和结束标记之间出现的字符数据，包括可见和非可见的字符视为元素的内容，注意以下三个元素：

```
<班级名称>高网 0301 班</班级名称>
<班级名称>
高网 0301 班
</班级名称>
<班级名称>
    高网 0301 班
</班级名称>
```

它们的元素内容是不同的。第二个元素内容比第一个元素多了两个换行符。第三个元素比第二个元素多了几个空格。

7．特殊字符

在 XML 文档中，所有文本都会被解析，但在实际运用中，需要在 XML 文档内引用“<”、“>”、“'”、“"”和“&”这些特殊符号时，必须使用它们的实体引用。假如在 XML 文档中使用“<”的字符，那么解析器将会出现错误，因为解析器会认为这是一个新元素的开始，这与标记发生混淆。所以，适当的实体引用是必须的，而且实体引用中的字母必须小写，不能使用大写。为了减少出错，使用实体是一个好习惯。

这些特殊的 XML 实体引用如下。

1）用“<”代替“<”（小于号）。

2）用“>”代替“>”（大于号）。

3）用“&”代替“&”（和）。

4）用“'”代替“'”（单引号）。

5）用“"”代替“"”（双引号）。

使用实体时，注意实体必须以符号“&”开头，以符号“;”结尾。

【例 1.3】 实体引用举例

```
<?xml version="1.0" encoding="GB2312"?>
<班级信息>
    <班级名称>高网 0301 班&高网 0302 班</班级名称>
    <班级人数>44 人<45 人</班级人数>
</班级信息>
```

在 XML 解析器处理该例时会显示出错信息，应将其中的“&”和“<”字符修改为实体引用，效果如下。

```
<?xml version="1.0" encoding="GB2312"?>
<班级信息>
    <班级名称>高网 0301 班&amp;高网 0302 班</班级名称>
    <班级人数>44 人&lt;45 人</班级人数>
</班级信息>
```

8．CDATA 段

在 XML 文档中的所有文本都会被解析器解析，只有在标记 CDATA 中包含的所有标记、实体引用都被解析器忽略，而被 XML 处理程序当作字符数据看待。CDATA 标记的语法格式为：

<! [CDATA[需要不被 XML 程序处理的文本内容]]>

CDATA 段以“<! [CDATA[”开始，以“]]>”结束，之间为所要包含的不想被 XML 解析器处理的文本内容。例 1.4 给出了在一段 XML 文档中显示另外一个 XML 文档的方法。

【例 1. 4】 CDATA 段举例

```
<?xml version="1.0" encoding="GB2312"?>
<FileOfXML>
<![CDATA[
<?xml version="1.0" encoding="GB2312"?>
<所有班级>
    <班级信息>
        <班级名称>高网 0301 班</班级名称>
        <班级人数>44</班级人数>
    </班级信息>
```

```
    <班级信息>
        <班级名称>高网 0302 班</班级名称>
        <班级人数>45</班级人数>
    </班级信息>
</所有班级>
]]>
</FileOfXML>
```

使用 CDATA 段时，需要注意以下四点。

1）CDATA 必须是大写。

2）CDATA 段不允许嵌套。

3）CDATA 段的结束字符串“]]>”间不能有空格或换行符。

4）CDATA 段的文本内容中不能出现字符串“]]>”。

9．属性

跟 HTML 一样，XML 元素在开始标记处可以添加元素属性。属性通常包含一些关于元素的额外信息。

属性必须由名称和值组成，且必须在开始标记中声明，并用“=”赋于属性值。

在 XML 文档中，属性声明的完整语法格式为：

（1）非空元素

<标记名 属性名=“属性值” 属性名=“属性值”……>……</标记名>

（2）空元素

<标记名 属性名=“属性值” 属性名=“属性值”……> </标记名>

或

<标记名 属性名=“属性值” 属性名=“属性值”……/>

【例 1.5】使用属性举例

```
<?xml version="1.0" encoding="GB2312"?>
<所有班级>
    <班级信息 班号="0806130301" 所属专业编号="080613" 所属系部编号="0806">
        <班级名称>高网 0301 班</班级名称>
        <班级人数>44</班级人数>
    </班级信息>
    <班级信息 班号="0806130302" 所属专业编号="080613" 所属系部编号="0806">
        <班级名称>高网 0302 班</班级名称>
        <班级人数>45</班级人数>
    </班级信息>
</所有班级>
```

使用属性来描述元素的特征，需要遵循以下规则。

1）属性名的命名规则和元素的命名规则相同，必须由字母或者下划线（_）开始，后跟若干字母、数字、中文、下划线（_）、句点（.）和连字符（-）；

2）属性名中不能出现冒号（:），因为冒号被用于名称空间中。

3）属性名区分大小写。

4）属性名中不能出现“<”、“>”、“"”、“'”和“&”这些特殊字符，使用时要使用实体引用或字符引用。

5）属性值必须用引号引着，单引号、双引号都可以使用。

一般情况下，数据既可以存储在子元素中，也可以存储在属性中，使用子元素还是使用属性，没有严格的规定，通常都是视情况而定。

但是使用属性容易引发以下问题。

1）属性不能包含多个值（子元素可以）。

2）属性不容易扩展。

3）属性不能够描述结构（子元素可以）。

4）属性很难被程序代码处理。

5）属性值很难通过 DTD 进行测试。

什么时候用属性，什么时候用子元素，没有一个现成的规则可以遵循。通常情况下，属性在 HTML 中可能相当便利，但在 XML 中，采用子元素描述数据更为合理。这是因为 XML 的可扩展性十分重要，使用属性不利于日后的维护和更新。同时，如果使用属性来存储数据，那么所编写的 XML 文档一定很难阅读和操作。但是有一个原则，标志类信息通常使用属性的形式表示。例如，班级信息的班号，教材的 ISBN 等均可定义为元素的属性。

10．注释

有时候人们希望在 XML 文档中加入一些用作解释的字符数据，并且希望 XML 处理器不对它们进行任何处理。这种类型的文本称作注释（COMMENT）文本。在 XML 中，注释的方法与 HTML 完全相同，用“<!--”和“-->”将注释文本引起来。

注释的语法格式如下：

```
<!--注释内容-->  或
<!--
  注释内容
-->
```

【例 1.6】使用注释举例

```
<?xml version="1.0" encoding="GB2312"?>
<!--班级信息模块-->
<所有班级>
    <!--高网 0301 班信息-->
    <班级信息 班号="0806130301" 所属专业编号="080613" 所属系部编号="0806">
        <班级名称>高网 0301 班</班级名称>
        <班级人数>44</班级人数>
    </班级信息>
    <!--高网 0302 班信息-->
```

```
    <班级信息 班号="0806130302" 所属专业编号="080613" 所属系部编号="0806">
        <班级名称>高网 0302 班</班级名称>
        <班级人数>45</班级人数>
    </班级信息>
</所有班级>
<!--结束-->
```

XML 文档中的注释必须遵循以下规定。

① 注释不能出现在 XML 声明之前，除此之外，注释可以位于其他任何位置。

② 不要把注释文本放在标记之中，但是可以位于文档类型说明之中。

③ 在注释文本中不能出现双连字符“--”。

④ 在结束标志前不能出现连字符“-”。

⑤ 注释不能被嵌套。

【例 1.7】给出错误的注释例子

```
<!--注释 1：位于 XML 声明之前-->
<?xml version="1.0" encoding="GB2312" ?>
<所有班级<!--注释 2：位于标记之中-->>
    <班级信息>
      <班级名称>高网 0301 班</班级名称>
      <!--注释 3：出现双连字符--   -->
    </班级信息>
    <班级信息>
      <班级名称>高网 0302 班</班级名称>
      <!--注释 4：结束标志前出现连字符--->
    </班级信息>
</所有班级>
<!--注释 5：嵌套<!--注释-->   -->
```

11．名称空间

因为 XML 允许自定义标记，所以两个不同的 XML 文档使用同一个名字来描述不同类型的元素的情况就可能发生，而这种情况又往往会导致命名冲突。XML 名称空间就是 XML 元素解决命名冲突问题的方案。通过 XML 命名空间，可以区分来自不同的 XML 应用但具有相同名字的元素和属性，可以把来自多个 XML 应用的相关元素和属性集合在一起，方便应用程序的识别和处理。

（1）名称空间的声明

W3C 组织对“XML 名称空间”的解释是：XML 名称空间是命名的汇集，它由统一资源标识符 URI（Uniform Resource Identifier）确定，在 XML 文件中作为元素类型和属性名使用。

名称空间由前缀和本地部分组成，中间用冒号分隔。前缀标识元素或属性的所在名称空间，本地部分标识名称空间中的某个元素或属性。

名称空间一般放置在元素的开始标记处，其完整的语法格式为：

xmlns：名称空间前缀=“URI”

1）xmlns 关键字，是必须的属性。

2）名称空间前缀表示名称空间的别名，它的值不能为 xml 的任意大小写组合。

3）URI 用来标识抽象或物理资源的紧凑字符串。在大多数情况下，URI 引用用来标识物理资源（网页、要下载的文件等），但是，对于 XML 名称空间来说，URI 引用用于标识抽象资源。按照 URI 规范，有两种常规类型的 URI：统一资源定位器（URL）和统一资源名称（URN）。这两种类型的 URI 都可以用作名称空间标识符以确保名称空间的唯一性。

当在元素的开始标记处使用命名空间时，该元素所有的子元素都将通过一个前缀与同一个命名空间相互关联。

注意：用来标识名称空间的网络地址并不被 XML 解析器调用，XML 解析器不需要从这个网络地址中查找信息，该网络地址的作用仅仅是给命名空间一个唯一的名字，以区分名称和其他内容，因此网络地址可以是虚拟的，甚至可以不需要存在或是存在错误的。

（2）名称空间的使用

【例 1.8】 名称空间使用的举例 1

```
<?xml version="1.0" encoding="UTF-8"?>
<教材信息>
  <教材 1>
     <教材名称>HTTP</教材名称>
     <ISBN>578-3-48686-8</ISBN>
  </教材 1>
  <教材 2>
     <教材名称>XML</教材名称>
     <ISBN>610-5-07168-9</ISBN>
  </教材 2>
</教材信息>
```

例 1.8 的 XML 文档在<教材信息>元素中包含<教材名称>和<ISBN>两个子元素。

【例 1.9】 名称空间使用的举例 2

```
<?xml version="1.0" encoding="UTF-8"?>
<教材信息>
  <教材 1>
     <作者>杨雨辰</作者>
     <单价>18.00</单价>
  </教材 1>
  <教材 2>
     <作者>周可</作者>
     <单价>25.00</单价>
  </教材 2>
</教材信息>
```

例 1.9 的 XML 文档在<教材信息>元素包含<作者>和<单价>两个子元素。

如果上面两个 XML 文档碰巧在一起使用的话，那么将会出现命名冲突的情况。因为这两个片断都包含了<教材信息>元素，而这两个<教材信息>元素的定义与所包含的内容又各不相同。

现在，就可以通过名称空间来解决名字冲突所带来的麻烦。分别给例 1.8 和例 1.9 创建并使用名称空间，改写为如下内容。

创建例 1.8 的名称空间。

```
<?xml version="1.0" encoding="UTF-8" ?>
<m:教材信息  xmlns:m="http://www.html_book.com/html">
    <m:教材 1>
      <m:教材名称>HTTP</m:教材名称>
      <m:ISBN>578-3-48686-8</m:ISBN>
    </m:教材 1>
    <m:教材 2>
      <m:教材名称>XML</m:教材名称>
      <m:ISBN>610-5-07168-9</m:ISBN>
    </m:教材 2>
</m:教材信息>
```

创建例 1.9 的名称空间。

```
<?xml version="1.0" encoding="UTF-8" ?>
<n:教材信息  xmlns:n="http://www.xml_book.com/xml">
   <n:教材 1>
     <n:作者>杨雨辰</n:作者>
     <n:单价>18.00</n:单价>
   </n:教材 1>
   <n:教材 2>
     <n:作者>周可</n:作者>
     <n:单价>25.00</n:单价>
   </n:教材 2>
</n:教材信息>
```

现在已经没有元素命名冲突的问题了，因为这两个文档对各自的<教材信息>元素使用了不同的前缀，<教材信息>元素在两个文档中分别是 <m:教材信息> 和 <n:教材信息>。

（3）默认的名称空间

定义一个默认的 XML 命名空间后，可以不在子元素的开始标记中使用前缀。默认名称空间就是一个没有前缀的 XML 名称空间声明，其作用域仅应用于声明此默认名称空间的元素以及在该元素之下嵌套的无前缀元素，其主要目的在于缩短使用名称空间的 XML 文档。

默认名称空间的语法如下：

xmlns="URI"

【例 1.10】创建并使用默认的名称空间

```
<?xml version="1.0" encoding="UTF-8" ?>
<教材信息 xmlns="http://www.html_book.com/html"
        xmlns:n="http://www.xml_book.com/xml">
    <教材 教材名称="HTTP">
        <作者>杨雨辰</作者>
        <单价>18.00</单价>
    </教材>
    <n:教材 教材名称="XML">
        <n:作者>周可</n:作者>
        <n:单价>25.00</n:单价>
    </n:教材>
</教材信息>
```

例 1.10 中第 2 行使用 xmlns 属性声明了一个默认名称空间，省略了前缀，第 3 行没有省略前缀，完整声明了一个名称空间，两者的值都是一个 URI 引用。第 4～7 行中元素教材、作者、单价都对应于 URL 值为“http://www.html_book.com/html”的名称空间，省略了名称空间的前缀 m。而在第 8～11 行中元素教材、作者、单价都对应于 URL 值为“http://www.xml_book.com/xml”的名称空间，使用了前缀 n。

【完成任务】

针对本节提出的问题，可以确定采用如下文档格式来存储班级信息数据：确定“所有班级”为根标记；它有称为“班级信息”的子元素，该元素可以在 XML 文档中出现一次或多次；它作为“班级名称”、“班级人数”的父元素；“班级信息”有“班号”、“所属专业编号”和“所属系部编号”三个属性。存储班级信息的 XML 文档的文档结构如表 1-1 所示。

表 1-1 存储班级信息的 XML 文档结构

元 素	属 性	说 明
所有班级		指出存储在 XML 文档中的所有班级的数据，作为根元素
|--班级信息		表示每一个班级的详细信息（班级名称和班级人数）
	班号	表示每个班级的唯一标识
	所属专业编号	表示班级所属的专业标识
	所属系部编号	表示班级所属的系部标识
|--|--班级名称		表示每个班级的名称
|--|--班级人数		表示每个班级的人数

任务 3 创建一个 XML 文档存储数据

前面根据问题的需要，确定了用于保存数据的 XML 文档的格式，下面将设计的标记实现成为一个 XML 文档。

1. 编辑 XML 文件

在 XML 被广泛应用之后，许多相关软件应运而生，如 Microsoft 公司推出的 IE 浏览器 4.0 已经可以显示、处理和编辑 XML 文档；Office 软件（如 Word、Excel）支持 XML；以及 Microsoft Visual Studio.NET 2003、Microsoft Visual Studio.NET 2005 等均支持 XML 文档的编写及验证。

为了编写 XML 文档更加简单方便，还可以在网络上下载 XMLSpy、XML writer、EltraEdit 等工具。以 XMLSpy 为例，可以进入 http://software.altova.com/download.html 官方网站，下载 XMLSpy 的最新版本，用来作为专门的编辑器。

由于 XML 是基于文本格式的语言，同 HTML 文件一样，任何一个文本编辑器都可以用来编写 XML 文件，如记事本。本章中使用记事本来开发 XML 程序。

现在以班级信息为例，创建一个简单的 XML 程序。

第一步：单击“开始”菜单“程序”项的“附件”命令，打开记事本程序。

第二步：进行 XML 文档的声明，然后创建根元素<所有班级>，并为根元素设置若干相同的子元素<班级信息>，在<班级信息>元素中分别添加<班级名称>、<班级人数>等子元素以及属性“班号”、“所属专业编号”、“所属系部编号”。在记事本的编辑窗口中输入例 1.11 的内容即可。

【例 1.11】创建“班级信息”文档

```
<?xml version="1.0" encoding="GB2312" ?>
<!--班级信息模块-->
<所有班级>
    <班级信息 班号="0806130301" 所属专业编号="080613" 所属系部编号="0806">
        <班级名称>高网 0301 班</班级名称>
        <班级人数>44</班级人数>
    </班级信息>
    <班级信息 班号="0806130302" 所属专业编号="080613" 所属系部编号="0806">
        <班级名称>高网 0302 班</班级名称>
        <班级人数>45</班级人数>
    </班级信息>
</所有班级>
```

输入内容中的第一行为处理指令部分，输入时注意以下事项。

1）应该在输入法为英文标点输入状态下输入各符号，如双引号。

2）在“<?”与“?>”之间不允许出现空格。

3）在“<?”与“xml”命令之间不允许出现空格。

2．保存 XML 文件

在记事本中完成 XML 文档的内容编辑后应该及时保存 XML 文档，保存方法如下。

第一步：当 XML 文档内容完成后，选择“文件”菜单的“保存”命令，在弹出的对话框中确定保存目录，并输入文件名及扩展名。注意，输入 XML 文档的扩展名为“.xml”。

第二步：选择“编码”方式为“ANSI”，如图 1-2 所示，再单击“保存”按钮保存文件。

注意：源文件中出现中文标识时，可以设置“encoding”的值为“GB2312”，也可以设为“UTF-8”。当“encoding”的值为“GB2312”时，必须使用 ANSI 编码保存，当

"encoding"的值为"UTF-8"时，必须使用 UTF-8 编码保存。

图 1-2 保存 XML 文件

任务 4 检查文档格式的正确性

Internet Explorer 5.0 及其以后的版本可以很好地支持 XML，用来检查和浏览 XML 文档。Internet Explorer 5.0 支持 XML1.0 标准和 XML DOM（Document Object Model）的国际标准。这些标准都是 W3C 发布的。

Internet Explorer 5.0 支持下列 XML 特性。

1）查看 XML 文档。

2）对 W3C DTD 标准完全支持。

3）在 HTML 页面中以数据岛形式嵌入 XML。

4）把 XML 数据绑定到 HTML 元素上。

5）使用 XSL 程序转换和显示 XML 文档。

6）使用 CSS 显示 XML 文档。

7）支持 XML DOM。

IE 浏览器对要浏览的 XML 文档能进行良构性检查，只有良构的 XML 文档才能通过 XML 处理器的检查，在没有任何额外的信息指示如何显示数据的情况下，IE 浏览器一般以树状视图的形式显示 XML 数据。

具体步骤为：以例 1.11 演示，在保存的目录下选中该 XML 文档，单击鼠标右键，从弹出的快捷菜单中设置"打开方式"为"Internet Explorer"，如图 1-3 所示，查看文档的运行结果。

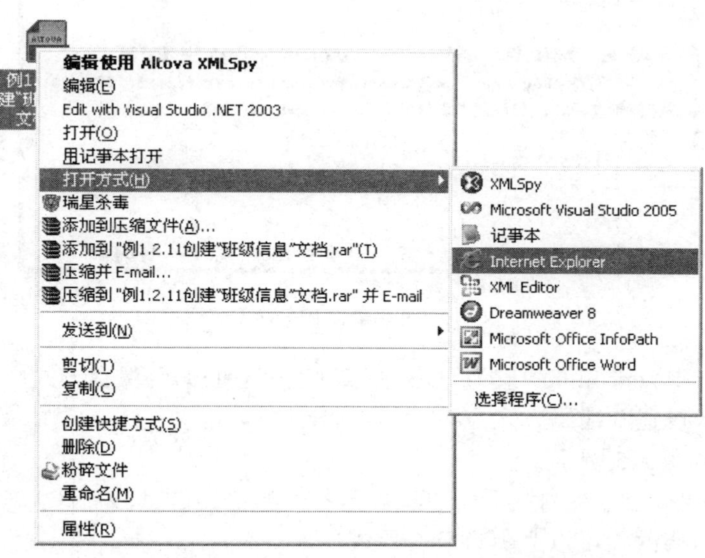

图 1-3 选择打开 XML 文件的方式为 IE 浏览器

若在例 1.11 中，将最后两行结束标记交换位置，代码中会产生重叠域的错误，如下文所示，则 IE 浏览器无法正常显示，但会在打开的页面中说明文档中发生错误的地方。如图 1-4 所示。

```
<?xml version="1.0" encoding="GB2312" ?>
<!--班级信息模块-->
<所有班级>
    <班级信息 班号="0806130301" 所属专业编号="080613" 所属系部编号="0806">
        <班级名称>高网 0301 班</班级名称>
        <班级人数>44</班级人数>
    </班级信息>
    <班级信息 班号="0806130302" 所属专业编号="080613" 所属系部编号="0806">
        <班级名称>高网 0302 班</班级名称>
        <班级人数>45</班级人数>
    </所有班级>
</班级信息>
```

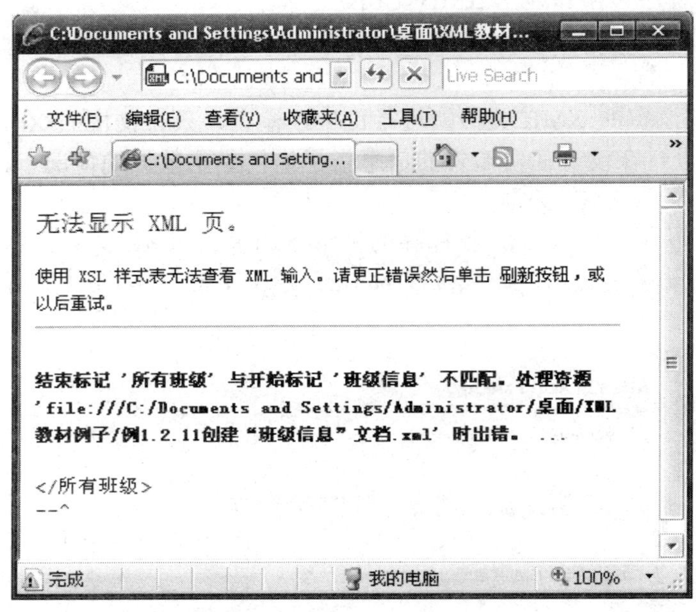

图 1-4　错误显示 1

同时，例 1.11 中“encoding”值为“GB2312”，其对应的编码保存方式应设置为“ANSI”。若用户在保存时，设置其编码方式为“UTF-8”，IE 浏览器也无法正常显示文档的内容，将提示出错信息，如图 1-5 所示。

比较图 1-4 与图 1-5，在浏览页面中将显示不同的错误信息，需要注意的是，在出错的位置上进行检查与修改，可以避免盲目查找错误。

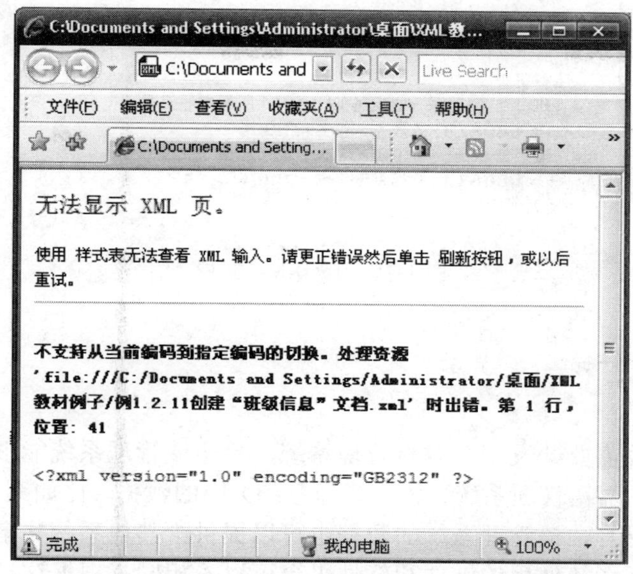

图 1-5　错误显示 2

根据提示的错误进行有针对性的修改后，再次以 IE 方式打开，如果能正常显示文档内容，如图 1-6 所示，说明检查通过，文档是良构的。

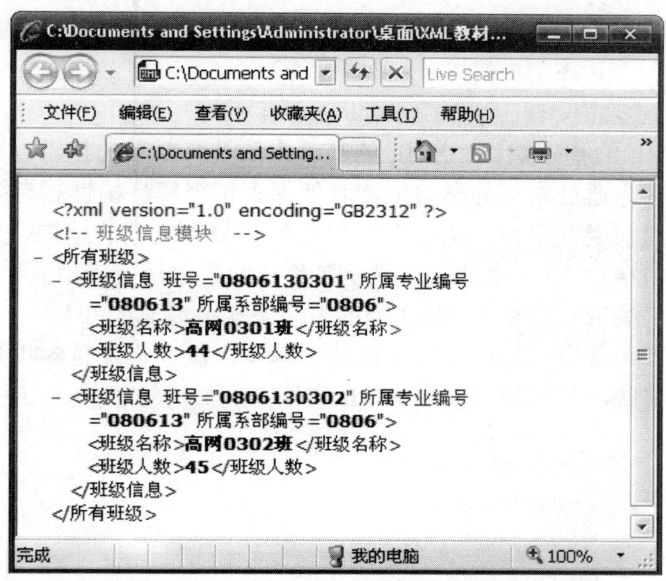

图 1-6　正确显示

用 IE 浏览器打开 XML 文档后发现浏览器用颜色标识 XML 文档的根元素、子元素以及其他内容，XML 元素的左边有一个“+”号，如图 1-7 所示，此时可以单击这个“+”号，展开这个元素的下一级结构；如果元素的左边有一个“-”号，也可以单击这个“-”号，折叠这个元素的下一级结构。若想查看 XML 文档的源文件，可以在右键菜单中选择“查看源文件”命令，或者通过“查看”菜单中的“源文件”命令进行查看。

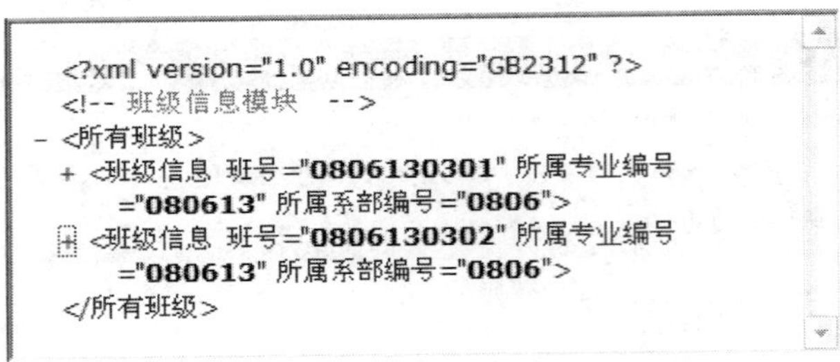

图 1-7 浏览 XML 文档

1.3 该你动手了

问题陈述：学校需要开发一个教材管理系统，希望该管理系统能很方便地共享使用学校其他管理系统（如学籍管理系统、教务管理系统）中的数据，比如系部信息、班级信息、学生信息、课程信息等，该管理系统的数据也可以提供给其他系统共享使用，比如教材信息。现有的这些管理系统使用的硬件和软件平台可以不相同。根据这一需要，确定教材信息的存储方案。教材信息包括 ISBN、教材名称、作者、出版社、版别、版次、内容简介、封面、单价、库存量。请你根据上述要求，设计用于保存教材信息的存储方案，并建立相应 XML 文档，然后验证该文档是否是格式良好的。

1.4 小结

本章介绍了 XML 的基础知识，XML 的基本语法及各要素的使用方法和注意事项，这是学习 XML 的基础。通过本章的学习，读者能够真正理解良构性和有效性两个概念，并围绕良构性的基本要求展开学习，从而掌握和理解 XML 文档的结构、XML 声明、XML 标记、特殊字符、CDATA 段、属性、注释及名称空间的语法及应用。

同时，还介绍了编辑和保存 XML 文档的方法及相关编码的知识。

本章学习的重点是掌握 XML 文档的结构、基本语法，难点是各相关要素的编写。在此，建议读者通过实践，独立编写简单 XML 文档，以加深对相关学习内容的掌握。

1.5 习题

一、选择题

1．XML 即_______标记语言。

A．超文本　　B．可扩展　　C．标准通用　　D．格式化

2．构成 XML 文档最基本的单位是_______。

A．元素　　B．开始标记　　C．结束标记　　D．属性

3．不想让 XML 解析器对一段文本进行解释，需要使用_______标记对该文本段进行标记。

A．注释　B．CDATA　C．空元素　D．处理指令

4．以下＿＿＿＿需要实体引用。

A．*　B．?　C．#　D．&

5．以下＿＿＿＿不是正确的标记名。

A．_no25　B．no25　C．no:25　D．no　25

6．下列正确的说法是＿＿＿＿。

A．注释可以放在 XML 文档声明之前

B．CDATA 区分大小写

C．在注释文本中不能出现双连字符“--”

D．标记名中不能包含空格

7．目前，浏览器支持的 XML 版本是＿＿＿＿。

A．1.0　B．1.1　C．2.0　D．3.0

8．XML 文档默认的编码方式是＿＿＿＿。

A．GB2312　B．ANSI　C．UTF-8　D．ISO-8859-1

9．下列元素定义中正确的是＿＿＿＿。

A．<name></Name>　B．<name><name>

C．<name></NAME>　D．<name></name>

10．下列名称空间使用正确的是＿＿＿＿。

A．tm:kk　B．http:　C．tm:　D．tm:

二、填空题

1．标记语言的典型代表是＿＿＿＿、＿＿＿＿和＿＿＿＿。

2．XML 文档的扩展名为＿＿＿＿＿。

3．XML 文件的结构可以从＿＿＿＿＿和＿＿＿＿＿两个方面来说明。

4．＿＿＿＿还可称为文档元素，在它下面包含的元素称为＿＿＿＿，子元素又可以再包含自己的＿＿＿＿，包含子元素的元素（根元素除外）称为＿＿＿＿，不包含子元素的元素称为＿＿＿＿。

5．通过＿＿＿＿＿＿＿验证的 XML 文档称为有效的 XML 文档。

6．XML 常用编码属性值有＿＿＿＿＿、＿＿＿＿和 ISO-8859-1。

7. XML 严格要求标记需要配对出现，但有四种标记例外，即＿＿＿＿＿、＿＿＿＿＿、＿＿＿＿＿、＿＿＿＿。

8．XML 元素由＿＿＿＿＿、＿＿＿＿＿和两者之间的内容三个部分组成。

9．XML 属性的声明位置是＿＿＿＿＿。

10．＿＿＿＿＿是用来解决 XML 名字冲突问题的方法。

三、简答题

1．如何理解良构性。

2．一个格式规范的 XML 文档应遵守 W3C 的标准（XML1.0）的语法要求，由哪几部分组成？

3．CDATA 标记有何作用？

4．XML 文档中的特殊字符有哪些，分别用什么实体引用？

5．简述 XML 名称空间的作用。

四、上机题

1．试编写一个简单的具体属性，也包含注释的 XML 文档，并确保其良构性。

2．试编写在一段 XML 文档中显示另外一个 XML 文档，并确保其良构性。

3．找出下面的 XML 文档的错误之处，并将其修改成为一个良构的 XML 文档。

```
<? xml version="1.0" encoding="GB2312" ?>
<!--mp3--下载-->
<mp3>
  <流行金曲>
    <歌名 歌手="张韶涵" 性别="女">隐形的翅膀</歌名>
    <歌名="大城小爱" 歌手="王力宏" 性别="男" />
  </流行歌曲>
  <奥运献歌>
    <歌名 歌手="花儿"乐队>奥运赞歌</歌名>
    <歌名 歌手="汪峰">飞得更高</歌名>
    <经典老歌>
  </奥运献歌>
    <歌名 歌手="莫文蔚&张洪量">广岛之恋</歌名>
  </经典老歌>
  <!--http://www.hao123.com/mp3s.htm--->
</mp3>
<mp4></mp4>
```

第 2 章　用 DTD 验证 XML

本章将介绍以下内容：

1. DTD 的基本格式
2. 声明元素的方法
3. 声明属性的方法
4. 声明实体的方法
5. 利用 DTD 验证 XML 文档的方法

2.1　DTD 简介

XML 的一个主要目的是允许应用程序之间自由交换结构化的数据。为此，必须首先定义用于交换信息的 XML 文档格式，并达成一致。这不仅需要任何 XML 文档都是格式良好的，还需要确保该文档是有效的。换言之，就是该文档要严格遵循已达成一致的结构、业务逻辑和规则。为此，可以定义一个模式来定义 XML 文档的结构，并借此验证 XML 文档的有效性。

定义 XML 文档结构有两种解决方案，一是采用文档类型定义（Document Type Definition，简称 DTD），二是采用 XML Schema。本章主要讲解如何利用 DTD 验证 XML 文档，下一章将介绍利用 XML Schema 验证 XML 文档。

对于 DTD（文档类型定义），顾名思义，是用来规范 XML 文件的格式，它必须出现在文件头中，以便 XML 校验器在一开始便可以得到该 XML 文件的格式定义。DTD 是一套关于标记符的语法规则，它定义了可用在文档中的元素、属性和实体，以及这些内容之间的相互关系。

每个有效的 XML 文档必须指定它对于哪个 DTD 是有效的。这个 DTD 可以包含在相应的 XML 文档中，也可以独立定义在一个 DTD 文档中，以便其他的 XML 文档调用。前者称为内部 DTD，后者称为外部 DTD，特别是后者，它往往是一个行业或者一个领域内所有 XML 文档所遵守的一个公共标准性协议。

2.2　创建 DTD

案例 1　创建 DTD 文档

问题陈述：为了使学校各管理系统之间能够交换学生信息数据，必须对存储该数据的 XML 文档进行约束来确保信息的一致性，本节讨论如何建立用于验证的 DTD。学生信息包括学号、姓名、性别、出生日期、通信地址、邮编、照片、所属班级编号。

解决上述问题，需要完成以下任务。

任务 1：确定需要存储数据的元素和属性。

任务 2：确定声明元素的方法。

任务 3：确定声明属性的方法。

任务 4：确定声明实体的方法。

任务 5：建立 DTD 文件。

任务 1 确定需要存储的元素和属性

根据本节提出的问题，XML 文档用于存储学生信息数据，根据使用元素和属性的原则，确定需要存储的元素和属性及其结构，如表 2-1 所示。

表 2-1 存储学生信息的 XML 文档结构

元 素	属 性	说 明
所有学生		指出存储在文档中的所有学生的信息，作为所有元素的根元素
|--学生信息		
	学号	表示每一个学生的唯一标识
	所属班级编号	表示每一个学生所属班级的标识
|--|--姓名		表示每一个学生的姓名
|--|--性别		表示每一个学生的性别
|--|--出生日期		表示每一个学生的出生日期
|--|--通信地址		表示每一个学生的通信地址
|--|--邮编		表示每一个学生的邮编
|--|--照片		表示每一个学生的照片，照片存放在一个外部 jpg 文件中

任务 2 确定声明元素的方法

1．元素声明

元素声明规定了元素的数据内容，设置了在一个文档中究竟能够出现什么类型的元素、出现几次、出现的顺序、每个元素如何取值和如何嵌套子元素等。

元素类型声明格式如下：

格式：<!ELEMENT 元素名 元素类型>

```
<!ELEMENT 省 (湖北)>
<!ELEMENT 学生信息 (姓名,性别,出生日期,通信地址,邮编,照片)>
<!ELEMENT 姓名 (#PCDATA)>
<!ELEMENT 照片 EMPTY>
```

说明：元素声明以“<!ELEMENT”开头（ELEMENT 必须大写），后接一些空格（通常一个空格），然后给出要声明的元素名称及元素的类型。例如在<!ELEMENT 省 (湖北)>

中规定了元素“省”仅包括一个子元素“湖北”；示例<!ELEMENT 学生信息 (姓名,性别,出生日期,通信地址,邮编,照片)> 中规定了元素“学生信息”只能有“姓名”、“性别”、“出生日期”、“通信地址”、“邮编”、“照片”这六个子元素；示例<!ELEMENT 姓名 (#PCDATA)>中表示元素“姓名”不能再包含子元素，而只能是可解析的字符数据，如具体的人名；示例<!ELEMENT 照片 EMPTY>中元素“照片”表示没有元素内容，即：既不能包含子元素，也不能有可解析的字符数据。

2．#PCDATA

在元素类型声明中，如果声明的元素的数据类型是#PCDATA，如前例中的<!ELEMENT 姓名 (#PCDATA)>，则表示元素“姓名”的内容是可解析的字符数据，不能在该元素中包含子元素。存储学生信息的 XML 结构中的姓名、性别、出生日期、通信地址、邮编都属于#PCDATA 类型，因此可声明为：

```
<!ELEMENT 姓名 (#PCDATA)>
<!ELEMENT 性别 (#PCDATA)>
<!ELEMENT 出生日期 (#PCDATA)>
<!ELEMENT 通信地址 (#PCDATA)>
<!ELEMENT 邮编 (#PCDATA)>
```

3．只含子元素的元素

在进行元素声明时，一个元素还可以包含一个或多个子元素。如果子元素中还嵌套有子元素，则子元素的子元素的声明也必须满足同样的规则。包含子元素的元素类型声明格式如下：

格式：<!ELEMENT 元素 （子元素列表）>

例如，存储学生信息的 XML 文档结构中的元素“学生信息”就只包含姓名、性别、出生日期、通信地址、邮编、照片这六个子元素。

```
<!ELEMENT 学生信息 (姓名,性别,出生日期,通信地址,邮编,照片)>
```

要完成一个元素类型的声明，最终必须落实到元素或子元素的可解析的字符数据上。

4．空元素

空元素是指在该元素的声明中，不包含任何内容，即既没有子元素，也不是可解析的字符数据。声明格式如下：

格式：<!ELEMENT 元素名 EMPTY>

这里的关键字 EMPTY 必须大写。对空元素的有效性检查主要体现在 XML 文档对空元素的解析。

标记空元素的格式是：<空元素名></空元素名>或者<空元素名/>。

以上格式在 HTML 中经常见到，如
。

可以将本节所提出的问题中的“照片”元素定义为空元素：

```
<!ELEMENT 照片 EMPTY>
```

5．混合元素

如果一个元素既要包含字符数据，又要包含子元素，那么该元素的内容就是一个混合元素。例如：

```
<!ELEMENT 年龄 (#PCDATA | 出生年月)* >
<!ELEMENT 出生年月 (年,月,日)>
<!ELEMENT 年 (#PCDATA)>
<!ELEMENT 月 (#PCDATA)>
<!ELEMENT 日 (#PCDATA)>
```

这里元素“年龄”定义成了一个混合类型的元素，语句“<!ELEMENT 年龄(#PCDATA | 出生年月) >”指明了“年龄”由两种类型构成，一种是#PCDATA 数据，另一种是“出生年月”元素。#PCDATA 与“出生年月”之间用符号“|”隔开，说明“年龄”元素可以只出现#PCDATA 数据，也可以只出现子元素“出生年月”，也可以两者同时出现，且出现的先后顺序也不影响文档的有效性。

值得注意的是，在进行混合声明时，一定要使用符号“*”，否则不能通过有效性检查，并且一定要先声明#PCDATA，之后才能声明子元素。使用符号“*”还表明#PCDATA 或子元素可以出现多次。XML 中有四个符号可以使用，它们分别是：*、？、+和|。

1）符号“*”表示一个元素可以出现多次，也可以不出现。比如：

```
<?xml version="1.0" encoding="UTF-8" ?>
<!DOCTYPE year[
<!ELEMENT year (spring*,summer*)>
<!ELEMENT spring (#PCDATA)>
<!ELEMENT summer (#PCDATA)>
]>
```

这个例子表示在 year 标记中，spring 和 summer 元素可以多次出现。

2）符号“？”表示元素可以出现，也可以不出现，但最多只能出现一次。

3）符号“+”表示元素可以出现多次，但不能不出现。

根据本节所提出的问题，学生有多个，因此，可以将“所有学生”作为根元素，它包含“学生信息”元素，该元素可以出现多次。如：

```
<!ELEMENT 所有学生 (学生信息+)>
```

4）符号“|”表示选择，表明一个元素的多个子元素能够在一个给定的范围内有选择地出现。在数据部分，多个子元素中只能有一个出现，并且只能出现一次，不能不出现。

下面看一个综合性的例子。

```
<?xml version="1.0" encoding="UTF-8" ?>
<!DOCTYPE year[
<!ELEMENT year (spring, summer, autumn, winter)>
<!ELEMENT spring (Jan | Feb | Mar)?>
<!ELEMENT summer (Apr | May | Jun)*>
<!ELEMENT autumn (Jul | Aug | Sep)+>
<!ELEMENT winter (Oct? | Nov+ | Dec*)>
```

```
<!ELEMENT Jan (#PCDATA)>
<!ELEMENT Feb (#PCDATA)>
<!ELEMENT Mar (#PCDATA)>
<!ELEMENT Apr (#PCDATA)>
<!ELEMENT May (#PCDATA)>
<!ELEMENT Jun (#PCDATA)>
<!ELEMENT Jul (#PCDATA)>
<!ELEMENT Aug (#PCDATA)>
<!ELEMENT Sep (#PCDATA)>
<!ELEMENT Oct (#PCDATA)>
<!ELEMENT Nov (#PCDATA)>
<!ELEMENT Dec (#PCDATA)>
]>
```

下面对这个综合性的例子进行分析，先看元素 spring 的语句：

```
<!ELEMENT spring (Jan | Feb | Mar)?>
```

这条语句表示元素 spring 的子元素 Jan、May、Mar 中可以有一个元素出现一次，也可以都不出现。

summer 元素的语句：

```
<!ELEMENT summer (Apr | May | Jun )*>
```

这表明 summer 元素的子元素 Apr、May、Jun 中可以有多个出现，且每个可以出现多次，也不需考虑出现的顺序，或者都不出现也行。

autumn 元素的语句：

```
<!ELEMENT autumn (Jul | Aug | Sep)+>
```

这表明 autumn 元素的子元素 Jul、Aug、Sep 中至少有一个要出现一次，每个子元素都可以出现多次，且不考虑顺序。

winter 元素的语句：

```
<!ELEMENT winter (Oct? | Nov+ | Dec*)>
```

这条语句表示可以对 Oct、Nov、Dec 进行选择，但三者仅取其一。若选择 Oct，则遵从“？”的原则；若选择 Nov，则遵从“+”的原则；若选择 Dec，则遵从“*”的原则。

6．ANY 元素

在进行文档类型定义时，若文档结构不明确，或者说不能确定某文档元素包含的内容时，可以在声明该元素时使用 ANY。例如：

```
<!ELEMENT 文凭 ANY>
```

将一个文档元素指定为 ANY 内容，则该元素的结构可以任意指定，这一般违背了设计文档类型定义的原则，因此要尽量避免在 DTD 的最终形式上使用 ANY。也就是说，在结构明确或设计完成之后，要将 ANY 元素的类型声明换成明确的声明。

【完成任务】

针对本节提出的问题，可以确定每个需要存储的元素的内容类型，如表 2-2 所示。

表 2-2　需要存储的元素的内容类型

元　　素	内 容 类 型	说　　明
所有学生	元素内容	包含一个或多个“学生信息”元素
学生信息	元素内容	包含学生的详细信息，因此将包含姓名、性别、出生日期、通信地址、邮编、照片等元素
姓名	#PCDATA	包含表示学生的姓名的文本
性别	#PCDATA	包含表示学生的性别的文本
出生日期	#PCDATA	包含表示学生的出生日期的文本
通信地址	#PCDATA	包含表示学生的通信地址的文本
邮编	#PCDATA	包含表示学生的邮编的文本
照片	EMPTY	包含表示学生的照片位置的 URI

可利用<!ELEMENT>语句在 DTD 中声明所有这些元素。

```
<!ELEMENT 所有学生 (学生信息+)>
<!ELEMENT 学生信息 (姓名,性别,出生日期,通信地址,邮编,照片?)>
<!ELEMENT 姓名 (#PCDATA)>
<!ELEMENT 性别 (#PCDATA)>
<!ELEMENT 出生日期 (#PCDATA)>
<!ELEMENT 通信地址 (#PCDATA)>
<!ELEMENT 邮编 (#PCDATA)>
<!ELEMENT 照片 EMPTY>
```

任务 3　确定声明属性的方法

1．属性声明

一个 XML 文档元素可以拥有多个属性。属性的声明是通过属性列表声明来实现的。<!ATTLIST>结构声明属性，ATTLIST 必须大写，该结构具有以下两种格式。

格式一：<!ATTLIST **元素名 属性名 属性的内容类型 属性类型**>

如：

```
 <!ATTLIST 学生信息 学号 CDATA  #REQUIRED>
     <!ATTLIST 学生信息 所属班级编号 CDATA  #REQUIRED>
```

格式二：<!ATTLIST **元素名**

属性名 1 属性的内容类型 属性类型

属性名 2 属性的内容类型 属性类型

……

>

如：

```
<!ATTLIST 学生信息
     学号 CDATA  #REQUIRED
       所属班级编号 CDATA  #REQUIRED
     >
```

这里的元素“学生信息”具有两个属性：“学号”和“所属班级编号”。

2．属性的数据类型

在声明属性时，需要指定属性的数据类型。XML 文档元素的属性的数据类型一共有 10 种，请参看表 2-3。

表 2-3　属性的数据类型

数据类型	内　容
CDATA	任意字符串、实体（“<”和“"”除外）
ENUMERATED	枚举数据类型
ENTITY	外部实体数据类型
ENTITIES	多个外部实体数据类型
ID	元素类型标识符，具有唯一性
IDREF	文档中的一个 ID 的引用
IDREFS	文档中的多个 ID 的引用
NMTOKEN	文字数据类型
NMTOKENS	多个 NMTOKEN 数据类型的合成
NOTATION	DTD 中声明的注释名

这 10 种数据类型中有 9 种类型是在类型域中的常量，枚举是一种特殊的类型，它只是属性从可能值列表中得到值。下面分别介绍这 10 种数据类型。

（1）CDATA 类型

CDATA 是最普遍的属性类型，表明属性值可以是任何文本字符串，但不包括小于号“<”和双引号“"”（必要时可使用实体引用“<”和“"”或字符引用“<”和“"”）。此外，所有的原始&符号（指不在字符或实体引用前面的&符号）必须转义为&或&。CDATA 是常用的属性类型，其定义的语法格式如下：

<!ATTLIST 元素名 属性名 CDATA 属性类型>

在前面的例子中已经使用过 CDATA 属性类型了，这里就不再举例。

（2）ENUMERATED 类型

枚举类型不是 XML 关键字，而是由竖线隔开的属性的可能值列表。属性的值必须是这个属性集合中造出的一个，其定义的语法格式如下：

<!ATTLIST 元素名 属性名（取值 A | 取值 B |...）属性类型>

如：<!ATTLIST 学生 性别（男 | 女） "男">。

（3）ENTITY 类型

ENTITY 类型属性可以把外部二进制数据（即外部未解析的普通实体）链接到文档中。ENTITY 属性的值是在 DTD 中声明的未解析常规实体的名称，它和外部数据相连。其定义语法如下：

<!ATTLIST 元素名 属性名 ENTITY 属性类型>

ENTITY 属性的典型例子是一幅图像，该图像由来自于另一个 URL 的二进制数据组成。

例如：在 XML 文档中声明包含图像。

```
<!ELEMENT 照片 EMPTY>
```

```
<!ATTLIST 照片  Src  ENTITY  #REQUIRED>
<!ENTITY  src SYSTEM "photo.jpg" NDATA jpg>
<!NOTATION jpg PUBLIC "img">
```

然后在文档要求的图像位置插入以下“照片”标记：

<照片 Src="src" />

这个方法不是所有 XML 浏览器都能自动理解的，它只是浏览器和其他应用程序在文档中采用嵌入的非 XML 数据的一种技术。

（4）ENTITIES 类型

ENTITIES 不仅仅是 ENTITY 的复数形式，其属性值是由空格分隔的多个未解析的实体名称组成。每个实体名称引用一个外部的非 XML 数据源。它的定义语法如下：

<!ATTLIST **元素名 属性名** ENTITYES **属性类型**>

如：

```
<!ELEMENT show  EMPTY>
<!ATTLIST  show  sources  ENTITIES  #REQUIRED>
<!ENTITY  pic1  SYSTEM  "car.gif" NDATA gif>
<!ENTITY  pic2  SYSTEM  "train.gif" NDATA gif>
<!NOTATION gif PUBLIC "img">
```

然后在文档要求的图像位置插入以下标记：

<show sources=" pic1 pic2" />

（5）ID 类型

ID 类型属性唯一标识文档中的元素，因此不允许在一个文档中出现具有相同 ID 号的两个属性。文档创建工具和其他应用程序一般使用 ID 帮助标识文档的元素，而不关心它们的准确含义或它们之间的关系。其定义语法如下：

<!ATTLIST **元素名 属性名** ID **属性类型**>

ID 类型的属性值必须是有效的 XML 名称，即以字母开头，并由数字、字母以及下划线组成，不能有空格。ID 类型与后面将要讲到的#FIXED 默认值不兼容。

例如，<!ATTLIST 姓名 学号 ID #REQUIRED>。

（6）IDREF 类型

具有 IDREF 类型的属性的值是文档中另一个元素的 ID，即 IDREF 类型的属性必须是对文档中另外一个属性的引用。由于 IDREF 是对属性的引用，所以一个 XML 文档可以出现多个相同的 IDREF 引用值，其定义语法如下：

<!ATTLIST **元素名 属性名** IDREF **属性类型**>

如：

```
<!ELEMENT Member (#PCDATA)>
<!ATTLIST Member
          IDNUM   ID   #REQUIRED
          Last_IDNUM   IDREF   #IMPLIED>
```

（7）IDREFS类型

如果一个属性潜在地需要引用文档中的多个ID，则可以把它声明成IDREFS类型。这种属性的值是用空格分隔的XML名称列表，列表中的每个名称必须是同一文档中某个位置上某个元素的ID。其定义语法如下：

<!ATTLIST **元素名 属性名** IDREFS **属性类型**>

如：

```
<!ELEMENT Member (#PCDATA)>
<!ATTLIST Member
        IDNUM   ID   #REQUIRED
        REF   IDREFS   #IMPLIED>
```

（8）NMTOKEN类型

NMTOKEN用于限制属性的值类型是文字数据类型，即可以以数字、连字符和句点开头，它的字符集包括字母、数字、“.”、“:”、“-”和下划线。也就是说，虽然23和-zh不是合法的XML名称，但都是合法的XML名称记号。当需要从不是XML指定部分，而是符合XML名称记号要求的任何一组名称中选取名称时，NMTOKEN属性类型就有很好帮助。NMTOKEN属性类型有利于XML文档与数据库、编程语言方面的结合。其定义语法如下：

<!ATTLIST **元素名 属性名** NMTOKEN **属性类型**>

如：

```
<!ELEMENT Member (#PCDATA)>
<!ATTLIST Member Nickname NMTOKEN #REQUIRED>
```

（9）NMTOKENS类型

NMTOKENS属性类型是NMTOKEN的复数形式，它使属性的值由多个XML名称记号组成，这些名称记号由空格隔开。一般情况下，使用NMTOKENS的原因与使用NMTOKEN的原因一样，但是只在要求在使用多个记号时才使用NMTOKENS。例如，如果希望有多个名称记号表示元素“湖北省”的“代号”属性，就可以使用下面的声明语句：

<!ATTLIST 湖北省 代号 NMTOKENS #REQUIRED>

数据部分可以插入如下内容：

<湖北省 代号="鄂 027 九头鸟" />

（10）NOTATION类型

NOTATION类型声明是一个名字与类型标识相关联，即它用于指定一个属性的值是在DTD中声明的标识的名称。该属性的默认值必须是在DTD中声明的标识名称。

例如：

```
<!ELEMENT Member (#PCDATA)>
<!ATTLIST Member
        Pic   ENTITY   #REQUIRED
        Show   NOTATION   (JPG | GIF) "JPG">
<!NOTATION   JPG SYSTEM   "C:\ACDSee\ACDSee7.exe">
```

```
<!NOTATION  GIF  SYSTEM  "C:\ACDSee\ACDSee7.exe">
<!ENTITY  pic  SYSTEM  "flower.jpg">
```

3．属性类型

除了指定属性的内容类型之外，还需要指定该属性是可选择的还是强制的。一般用户可以在 DTD 中通过把属性类型设置为下面类型中的一种来实现。

（1）#REQUIRED

#REQUIRED 表示属性必须在元素中出现。如果属性是采用这个关键字设定的，则属性一定要在元素中出现，否则就违反了有效性原则。在前面介绍的几个例子中，都是采用#REQUIRED 来进行属性设定的。

（2）#IMPLIED

#IMPLIED 表示属性可以在元素中出现，也可以不出现。例如，在描述职工信息的时候，有的职工有“宅电”，有的没有，则职工的“宅电”属性可以设定为#IMPLIED。

如：

```
<!ELEMENT 职工 （#PCDATA）>
<!ATTLIST 职工 宅电 CDATA  #IMPLIED>
```

（3）#FIXED

#FIXED 表示属性值是固定的，在数据部分可以不出现。另外当属性数据类型为 ID、IDREF 时，不能使用该关键字。如果希望文档提供的属性的默认值不允许更改时，可以使用#FIXED 来设置。

如：

```
<!ELEMENT 教师 （#PCDATA）>
<!ATTLIST 教师 学历 CDATA  #FIXED  "本科">
```

（4）默认值

默认值是一个用引号括起来的字符串，这样在元素没有给出属性时，属性就会取 DTD 中设定的默认值为属性值。

如：

```
<!ATTLIST 学生 性别 （男 | 女） "男">
```

【完成任务】

针对本节提出的问题，可以确定每个需要存储的属性的内容类型及属性类型，如表 2-4 所示。

表 2-4 需要存储的属性的内容类型及属性类型

属　性	所属元素	属性内容类型	属性类型	说　明
学号	学生信息	CDATA	#REQUIRED	可以将“学号”的内容类型定义为 ID 类型，此时“学号”的第 1 个字符必须是字母
所属班级编号	学生信息	CDATA	#REQUIRED	如果已将“班级信息”元素中的班号定义为 ID 类型，此处也可将“所属班级编号”的内容类型定义为 IDREF 类型

可利用<!ATTLIST>语句在 DTD 中声明所有这些属性：

```
<!ATTLIST 学生信息 学号 CDATA #REQUIRED>
<!ATTLIST 学生信息 所属班级编号 CDATA #REQUIRED>
```

任务 4　确定声明实体的方法

为了在 XML 文档中指明照片信息，需要使用实体来描述。实体是包含 XML 文档特殊部分的存储单元。它可以是文件、数据库记录或任何其他包含数据的项目。实体使用了一种替代机制：在文档中放入一个实体引用，当文档被分析时，它被其内容所取代。使用实体可以节省很多输入文档或 DTD 的时间，并易于维护。

实体有各种类型，但它们所起的作用是相同的。主要包括五种类型的实体声明，分别是：内部一般实体、外剖解析一般实体、非解析实体、内部参数实体和外部参数实体。

1．内部一般实体

内部一般实体是所有实体中最简单的实体，是在 XML 文档的文档类型定义中定义的。所有的内部一般实体都是解析实体，XML 的处理器会对这种实体进行解释。

定义内部一般实体的格式如下：

```
<!ENTITY name "content">
```

对内部一般实体的引用是：&name;。下面用一个例子来说明如何使用内部一般实体。

```
<?xml version="1.0" encoding="UTF-8" ?>
<!DOCTYPE teacher[
<!ELEMENT teacher (name, sex, age, add)*>
<!ELEMENT name (#PCDATA)>
<!ELEMENT sex (#PCDATA)>
<!ELEMENT age (#PCDATA)>
<!ELEMENT add (#PCDATA)>
<!ENTITY address"Wuhan">
]>
<teacher>
    <name>曾鸿</name>
    <sex>男</sex>
    <age>34</age>
    <add>&address;</add>
</teacher>
```

这个例子在文档类型定义中定义了一个名为 address 的内部一般实体，它的实体内容是“Wuhan”。在数据部分，元素 add 对这个实体进行引用。每当处理器对元素 add 进行处理时，它总是会将&address;自动替换为“Wuhan”。

内部一般实体的使用还要注意两点：第一，定义实体时，实体内容不能包含标记声明，也不能用元素的声明；第二，在引用一个实体对另一个实体进行定义时不能存在循环模式。

2．外部解析一般实体

外部解析一般实体是在文档的外部进行定义的，引用实体时需要指定实体的位置，XML 文档通过外部标示符对其进行定位。

除了不能在属性值中引用之外，在内部通用实体可以被引用的地方也可以引用外部解析一般实体。

声明一个外部解析一般实体的格式如下：

```
<!ENTITY name SYSTEM "URI">
<!ENTITY name PUBLIC "id" "URI">
```

例如：

```
<?xml version="1.0" encoding="UTF-8" ?>
<!DOCTYPE teacher[
<!ENTITY te SYSTEM "adder.txt">
<!ELEMENT teacher (name, sex, age, add)*>
<!ELEMENT name (#PCDATA)>
<!ELEMENT sex (#PCDATA)>
<!ELEMENT age (#PCDATA)>
<!ELEMENT add (#PCDATA)>
<!ENTITY address "Wuhan">
]>
<teacher>
<name>曾鸿</name>
    &te;
</teacher>
```

外部实体文件 addre.txt 的内容如下：

```
<sex>男</sex>
<age>34</age>
<add>&address;</add>
```

在这个例子中，teacher 有四个元素，其中三个子元素的数据放在 addre.txt 文档中，通过定义外部实体 te，才能在 XML 文档中访问外部实体内容。

3．非解析实体

非解析实体就是 XML 处理器不会对它进行解释的一种实体。比如多媒体对象中的图像、声音、动画等都是作为非解析实体来对待的。

一般非解析实体都是外部实体，因为内部实体必须位于 XML 文档的内部，它必须符合 XML 规范。大多数的非解析实体是一种二进制数据格式的文件，不符合 XML 的要求，因而不能放在 XML 文档中。前面介绍的外部解析一般实体，是一种形式规范的 XML 文档，可以被 XML 处理器理解，如果外部实体不是 XML，即为非解析实体时，则必须使用 NDATA 关键字指定实体的类型。例如，要关联 GIF 文件 logo.gif 和名称 LOGO，可以在 DTD 中放置以下 ENTITY 声明：

```
<!ENTITY  LOGO  SYSTEM  "logo.gif"  NDATA  GIF>
```

声明中的最后一个单词（GIF）必须是在 DTD 中声明的标识的名称。GIF 的标识声明形式如下：

```
<!NOTATION  GIF  SYSTEM  "image/gif">
```

也就是说，声明非解析实体与声明其对应的标识是成对出现的。声明一个非解析实体的一般格式如下：

```
<!ENTITY  实体名  SYSTEM  "URI"  NDATA  数据名>
```

或者

```
<!ENTITY  实体名  PUBLIC "id"  "URI"  NDATA  数据名>
```

例如：

```
<!ENTITY  LOGO  SYSTEM  http://www.hbxftc.com/xml/logo.gif  NDATA  GIF>
<!ENTITY  LOGO  SYSTEM  "../logo.gif"  NDATA  GIF>
```

在对非解析实体进行引用时，不能像对待解析实体那样，在 XML 文档的任意位置嵌入非解析的实体。要嵌入非解析实体，需要声明一个元素作为非解析实体的占位符，并声明元素的 ENTITY 类型的属性，在该属性中提供对非解析实体名称的引用。下面来看一个例子。

```
<?xml version="1.0" encoding="UTF-8"?>
<!DOCTYPE 图片[
<!ELEMENT 图片 (发布)>
<!ELEMENT 发布 EMPTY>
<!ATTLIST 发布 scr ENTITY #REQUIRED>
<!ENTITY LOGO SYSTEM "tree.gif" NDATA GIF>
<!NOTATION GIF SYSTEM "image/gif">
]>
<图片>
    <发布 src="LOGO"></发布>
</图片>
```

这个例子定义了一个实体，它的名称为 LOGO，使用 NOTATION 来将其标识 GIF 关联起来，并把空元素作为显示非解析实体的容器。

4．内部参数实体

所谓内部参数实体，就是指在 DTD 中定义的并且只能在 DTD 中引用的实体。内部一般实体是嵌入到 XML 文档之中，变成了 XML 文档，而不是 DTD 的一部分。参数实体应用在外部 DTD 之中，需要引用参数实体时，必须先声明参数实体。

在 DTD 中声明参数实体类似于声明一般实体，但要在名字前加上百分号。内部参数实体的使用方法是在外部 DTD 中先声明实体，然后再使用。声明规则如下：

<!ENTITY % **实体名** **"替换文本"**>

引用参数实体的格式为：%实体名;

注意：要先声明参数实体之后才能对其引用。

例如：

外部 DTD 文件：out.dtd

```
<?xml version="1.0" encoding="UTF-8"?>
```

```
<!ELEMENT 学生 (姓名,性别,年龄)>
<!ENTITY % type "(#REQUIRED)">
<!ELEMENT 姓名 %type;>
<!ELEMENT 性别 %type;>
<!ELEMENT 年龄 %type;>
```

XML 文件：

```
<?xml version="1.0" encoding="UTF-8"?>
<DOCTYPE 学生 SYSTEM "out.dtd">
<学生>
        <姓名>张三</姓名>
        <性别>男</性别>
        <年龄>20</年龄>
</学生>
```

在 DTD 文件中，定义了一个参数实体 type，让它表示（#REQUIRED）数据类型，之后每需要指明这一数据类型时，就对参数实体进行引用。

对于参数实体的声明需要注意以下两点。

1）参数实体必须在外部 DTD 中定义才能用于元素的定义。

2）参数实体的引用必须先定义后引用。

5．外部参数实体

外部参数实体的功能主要在于将一个很长的 DTD 文件划分成若干部分，每个部分作为一个小的 DTD 文档存储，再通过一定的方法将这些部分组装起来，使得 DTD 文档条理清晰。

在前面的例子中，使用的都是单一的 DTD，对于较长的文档不太实用。外部参数实体可以使 XML 程序员用较小的 DTD 建立起较大的 DTD，即一个 DTD 可以链接另一个 DTD。外部参数实体的功能主要就在于将一个很长的 DTD 文件划分成若干个小部分，每个部分作为一个小的 DTD 文档存储，再通过一定的方法将这些部分组装起来，使得 DTD 文档条理清晰。

例如：

XML 文档：

```
<?xml version="1.0" encoding="UTF-8"?>
<!DOCTYPE 人员[
<!ELEMENT 人员 (职工,学生)>
<!ENTITY % em SYSTEM "employee.dtd">
%em;
<!ENTITY % st SYSTEM "student.dtd">
%st;
]>
<人员>
```

```
        <职工>
          <姓名>张三</姓名>
          <职工号>1989</职工号>
        </职工>
    <学生>
          <姓名>李四</姓名>
          <学号>20070105</学号>
    </学生>
</人员>
```

外部 DTD 文件 employee.dtd，对应于实体 em：

```
<?xml version="1.0" encoding="UTF-8"?>
<!ELEMENT 职工 (姓名,职工号)>
<!ELEMENT 姓名 (#PCDATA)>
<!ELEMENT 职工号 (#PCDATA)>
```

外部 DTD 文件 student.dtd，对应于实体 st：

```
<?xml version="1.0" encoding="UTF-8"?>
<!ELEMENT 学生 (姓名,学号)>
<!ELEMENT 姓名 (#PCDATA)>
<!ELEMENT 学号 (#PCDATA)>
```

外部参数实体的应用方便了大型 DTD 文件的开发和设计。

任务 5 建立 DTD 文件

前面介绍了元素以及属性的声明方法，元素和属性必须定义到文档类型中才能起作用。

进行文档类型定义就是列出可用在 XML 文档中的元素、属性、实体以及这些内容之间可能的相互关系。文档类型定义（DTD）有三种形式：内部 DTD、外部 DTD 和混合 DTD。

（1）内部 DTD

内部 DTD 就是在 XML 文档内进行文档类型定义。定义的一般形式如下：

```
<DOCTYPE 根元素名[
……
……
]>
```

【例 2.1】 定义一个以“学生信息”为根元素的内部 DTD。

```
<?xml version="1.0" encoding="UTF-8"?>
<!DOCTYPE 所有学生[
<!ELEMENT 所有学生 (学生信息+)>
```

```
<!ELEMENT 学生信息 (姓名,性别,出生日期,通信地址,邮编,照片)>
<!ELEMENT 姓名 (#PCDATA)>
<!ELEMENT 性别 (#PCDATA)>
<!ELEMENT 出生日期 (#PCDATA)>
<!ELEMENT 通信地址 (#PCDATA)>
<!ELEMENT 邮编 (#PCDATA)>
<!ELEMENT 照片 EMPTY>
<!ATTLIST 学生信息
        学号 CDATA #REQUIRED
        所属班级编号 CDATA #REQUIRED>
<!ATTLIST 照片 src ENTITY #REQUIRED>
<!ENTITY src SYSTEM "photo.jpg" NDATA jpg>
<!NOTATION jpg PUBLIC "img">
]>
```

这里定义一个“学生信息”元素，该元素有“姓名”、“性别”、“出生日期”、“通信地址”、“邮编”和“照片”六个子元素，同时子元素“学生信息”还具有两个属性：“学号”和“所属班级编号”。

（2）外部 DTD

一个内部 DTD 只能用于它所在的 XML 文档，若多个 XML 文档需要引用一个相同的 DTD 时，就必须使用外部 DTD。

外部 DTD 有两种类型：私有型 DTD 和公有型 DTD。下面先看看私有型 DTD 的例子。

【例 2.2】先将例 2.1 的 DTD 定义成一个外部 DTD 文件，名为 studentInfo.dtd。

```
<?xml version="1.0" encoding="UTF-8" ?>
<!ELEMENT 所有学生 (学生信息+)>
<!ELEMENT 学生信息 (姓名,性别,出生日期,通信地址,邮编,照片)>
<!ELEMENT 姓名 (#PCDATA)>
<!ELEMENT 性别 (#PCDATA)>
<!ELEMENT 出生日期 (#PCDATA)>
<!ELEMENT 通信地址 (#PCDATA)>
<!ELEMENT 邮编 (#PCDATA)>
<!ELEMENT 照片 EMPTY>
<!ATTLIST 学生信息
      学号 CDATA #REQUIRED
      所属班级编号 CDATA #REQUIRED
>
<!ATTLIST 照片 src ENTITY #REQUIRED>
<!ENTITY src SYSTEM "photo.jpg" NDATA jpg>
<!NOTATION jpg PUBLIC "img">
```

再将这个外部 DTD 部署到 XML 文档中。

```
<?xml version="1.1" encoding="UTF-8" ?>
<!--引用外部 DTD -->
<!DOCTYPE 所有学生 SYSTEM "studentInfo.dtd">
```

引用私有外部 DTD 的形式是：

```
<!DOCTYPE 根元素名 SYSTEM "外部 DTD 文件">
```

这里的关键字 SYSTEM 指明了该 DTD 是一个私有的外部 DTD 文档。“外部 DTD 文件”是一个 URI，需要给出外部 DTD 文件的存放路径（若外部 DTD 与 XML 文档在同一目录，可省略路径）。

公有型的 DTD 使用关键字 PUBLIC，它是一种由权威机构制订的，提供给特定行业或公众使用的 DTD。引用外部公有 DTD 的形式是：

```
<!DOCTYPE 根元素名 PUBLIC "外部 DTD 文件" >
```

例如：

```
<?xml version="1.1" encoding="UTF-8" ?>
<!DOCTYPE HTML PUBLIC "-//W3C//DTD HTML 4.0 Transitional//EN" http://www.w3.org/TR/REC-html140/loose.dtd>
```

本书举例用到的外部 DTD 都是私有型的。

（3）混合 DTD

所谓混合 DTD 是指在一个 XML 文档中既有内部 DTD 定义，又有引用到外部 DTD 的情况。在多个 XML 文档中可能存在部分相同的数据描述，也存在部分不同的数据描述，这时就需要将内部 DTD 和外部 DTD 进行混合使用。

在一个 XML 文档中，文档声明“<!DOCTYPE……>”语句只能出现一次，要进行混合使用，必须先引用外部 DTD，再定义内部 DTD。混合使用的一般形式如下：

```
<!DOCTYPE 根元素名 SYSTEM "外部 DTD 文件" [
<!--内部元素声明-->
……
……
]>
```

【例 2.3】在例 2.2 引用外部 DTD studentInfo.dtd 的基础上，再在内部定义一个“籍贯”元素。

```
<?xml version="1.1" encoding="UTF-8" ?>
<!--引用外部 DTD -->
<!DOCTYPE 所有学生 SYSTEM "studentInfo.dtd"[
<!ELEMENT 籍贯 (#PCDATA)>
]>
```

注意：在外部 DTD 中定义过的元素不能再在内部 DTD 中重新定义。

【完成任务】

定义一个外部 DTD，文件名为 studentInfo.dtd。声明 DTD 的工具很多，最方便的就是记事本，这里在 Altova XMLSpy 中进行 DTD 定义，以及如何下载和安装 Altova XMLSpy，将在 2.3 中详细说明。

1）启动 Altova XMLSpy。

2）选择“文件”→“新建”命令，打开“创建新文档”对话框，在其中选择“dtd”，单击“确定”按钮，如图 2-1 所示。

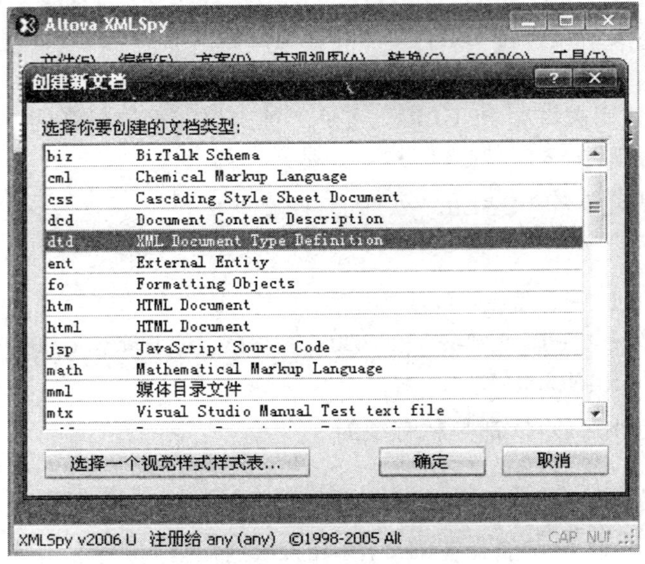

图 2-1 “创建新文档”对话框

3）在文本编辑区输入例 2.2 中的代码，并保存为 studentInfo.dtd，如图 2-2 所示。

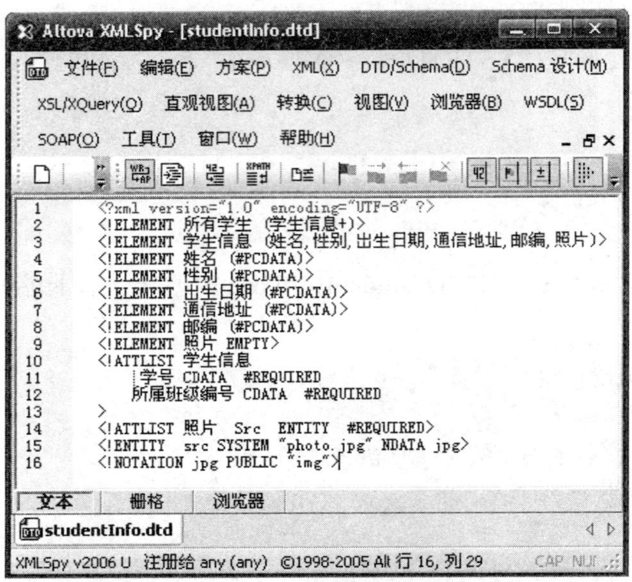

图 2-2 编辑外部 DTD

这样就完成了任务 5，建立了一个外部 DTD。

2.3　利用 DTD 验证 XML

案例 2　利用 DTD 验证 XML 文档的有效性

问题陈述：现已创建用于验证学生信息数据的外部 DTD。要求用该 DTD 验证一个 XML 文档的有效性。

解决上述问题，需要完成以下四个任务。

任务 1：创建一个 XML 文档。

任务 2：关联 XML 文档与 DTD。

任务 3：下载和安装 Altova XMLSpy。

任务 4：验证 XML 文档有效性。

任务 1　创建一个 XML 文档

在 Altova XMLSpy 中新建一个 XML 文档，步骤如下。

1）启动 Altova XMLSpy。

2）选择“文件”→“新建”命令，弹出“创建新文档”对话框，选择其中的 XML Document，单击“确定”按钮，如图 2-3 所示。

图 2-3 “创建新文档”对话框

3）单击“确定”按钮后，会弹出选择外部 DTD 或 Schema 的对话框，如图 2-4 所示，若使用内部 DTD，可单击“取消”按钮；若选择外部 DTD，可单击“确定”按钮，弹出浏览外部 DTD 文件路径的对话框。

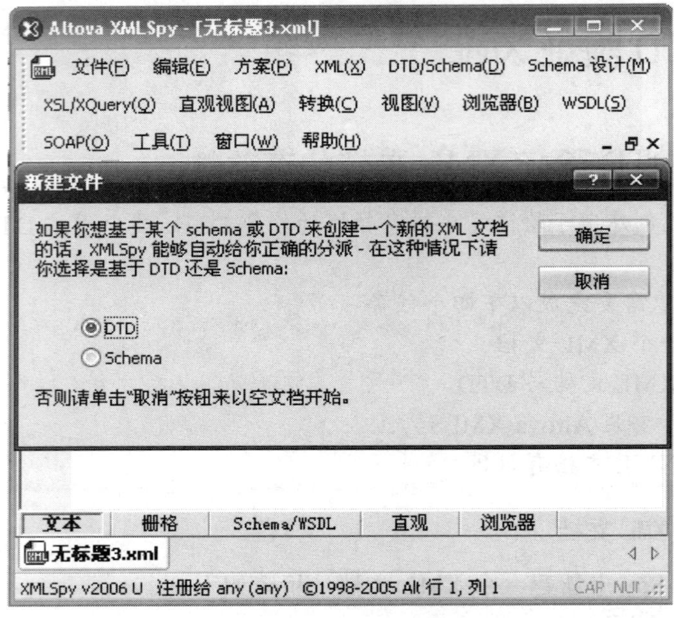

图 2-4 选择外部 DTD

这样就创建了一个空的 XML 文档。

任务 2 关联 XML 文档与 DTD

关联 XML 文档与 DTD，在这里采用两种方式。

1）与内部 DTD 相关联，录入如下内容。

```
<?xml version="1.0" encoding="UTF-8"?>
<!DOCTYPE 所有学生[
<!ELEMENT 所有学生 (学生信息+)>
<!ELEMENT 学生信息 (姓名,性别,出生日期,通信地址,邮编,照片)>
<!ELEMENT 姓名 (#PCDATA)>
<!ELEMENT 性别 (#PCDATA)>
<!ELEMENT 出生日期 (#PCDATA)>
<!ELEMENT 通信地址 (#PCDATA)>
<!ELEMENT 邮编 (#PCDATA)>
<!ELEMENT 照片 EMPTY>
<!ATTLIST 学生信息
   学号 CDATA   #REQUIRED
    所属班级编号 CDATA   #REQUIRED>
<!ATTLIST 照片   src   ENTITY   #REQUIRED>
<!ENTITY   src SYSTEM "photo.jpg" NDATA jpg>
<!NOTATION jpg PUBLIC "img">
```

```
]>
<!--XML文档部分-->
<所有学生>
<学生信息 学号="100001" 所属班级编号="200701">
        <姓名>张三</姓名>
        <性别>男</性别>
        <出生日期>1984年12月</出生日期>
        <通信地址>湖北省襄樊市</通信地址>
        <邮编>441021</邮编>
        <照片 src="src"></照片>
</学生信息>
<学生信息 学号="100002" 所属班级编号="200701">
        <姓名>李四</姓名>
        <性别>女</性别>
        <出生日期>1984年11月</出生日期>
        <通信地址>湖北省荆州市</通信地址>
        <邮编>431021</邮编>
        <照片 src="src"></照片>
</学生信息>
</所有学生>
```

2）与外部 DTD 相关联，录入如下内容。

```
<?xml version="1.0" encoding="UTF-8"?>
<!DOCTYPE 所有学生 SYSTEM "studentInfo.dtd">
<!--XML文档部分-->
<所有学生>
<学生信息 学号="100001" 所属班级编号="200701">
        <姓名>张三</姓名>
        <性别>男</性别>
        <出生日期>1984年12月</出生日期>
        <通信地址>湖北省襄樊市</通信地址>
        <邮编>441021</邮编>
        <照片 src="src"></照片>
</学生信息>
<学生信息 学号="100002" 所属班级编号="200701">
        <姓名>李四</姓名>
        <性别>女</性别>
        <出生日期>1984年11月</出生日期>
        <通信地址>湖北省荆州市</通信地址>
```

```
        <邮编>431021</邮编>
        <照片 src="src"></照片>
    </学生信息>
    </所有学生>
```

任务 3　下载和安装 Altova XMLSpy

下载 Altova XMLSpy：可以在搜索引擎中去搜索 Altova XMLSpy，本文下载的是 XMLSpyEnt2008 英文版。

安装过程如图 2-5 至图 2-10 所示。

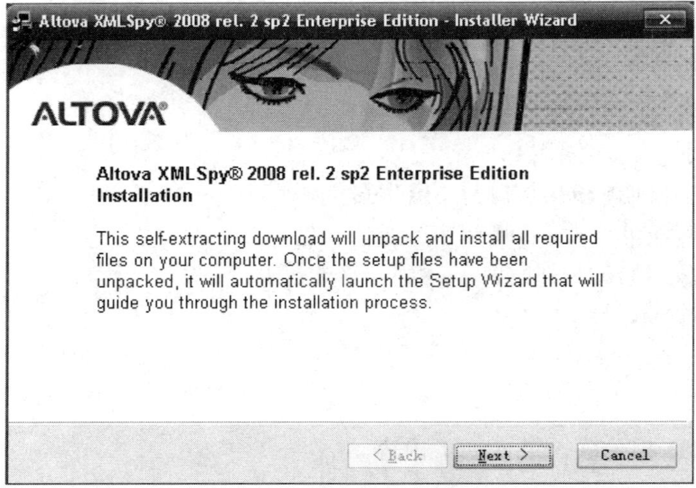

图 2-5　安装界面（1）

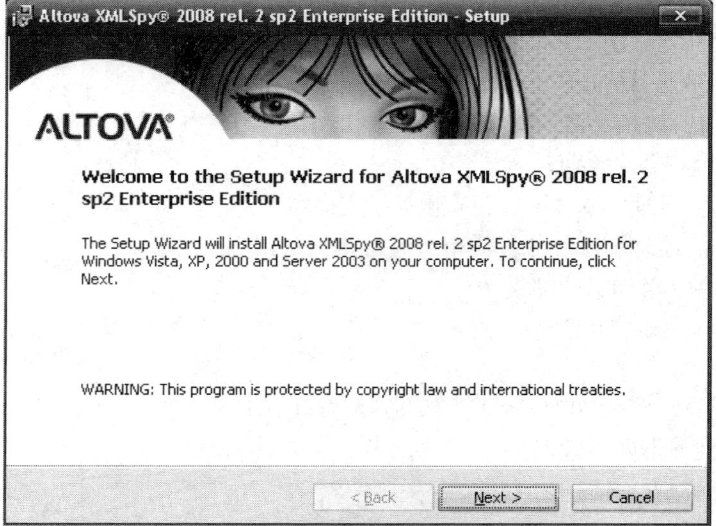

图 2-6　安装界面（2）

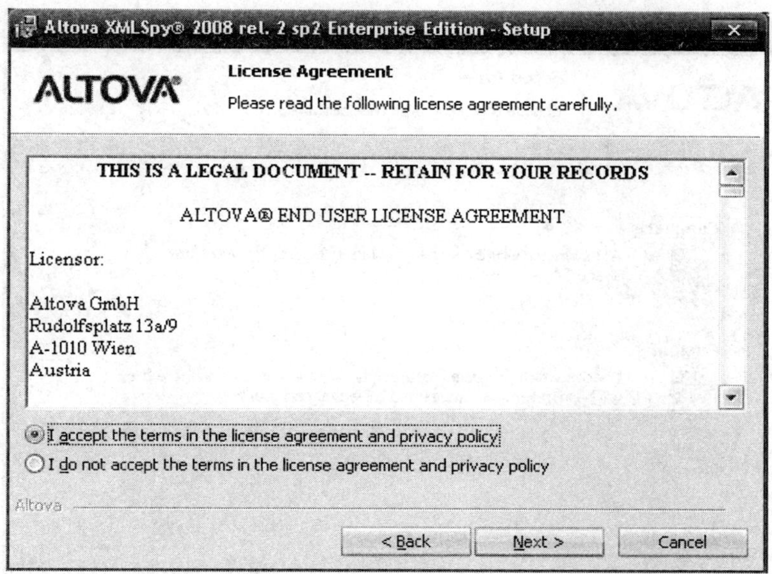

图 2-7　安装界面（3）

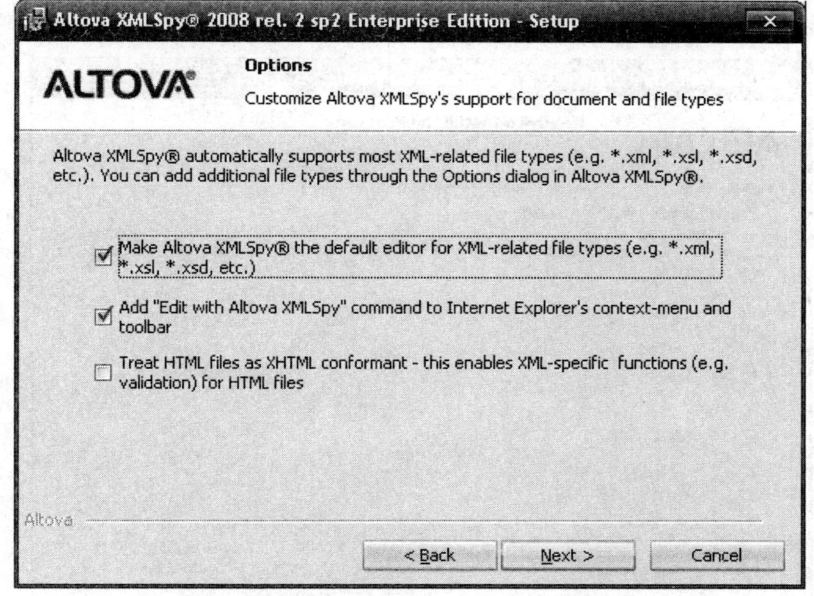

图 2-8　安装界面（4）

至此，Altova XMLSpy 已下载完毕，然后根据向导依次进行安装。需要注意的是，启动时需要输入注册码等信息。另外，也可以在 IE6.0 中安装相关插件，使用 IE 浏览器进行验证。

验证 XML 文档程序：若在创建 XML 文档时没有采用向导导入外部 DTD 文件，则可在版本信息之后输入如下代码：

```
<!DOCTYPE 所有学生 SYSTEM "studentInfo.dtd">
```

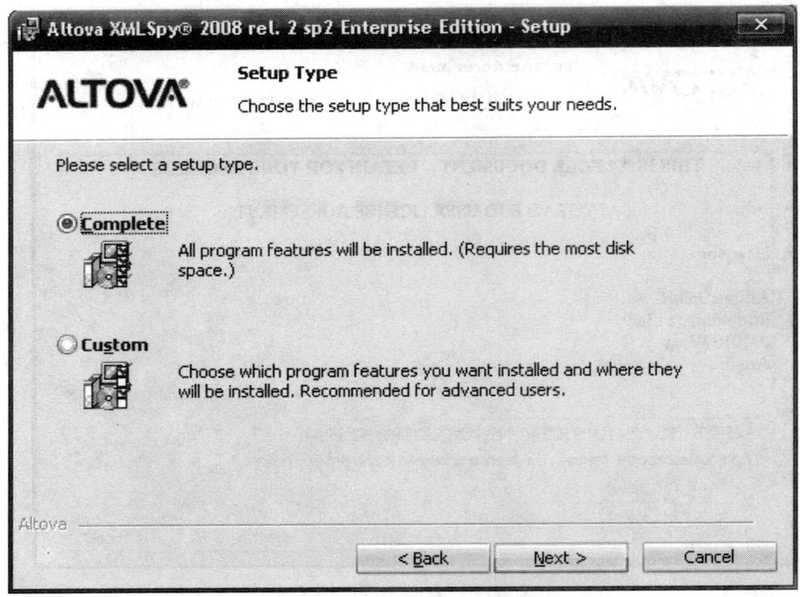

图 2-9　安装界面（5）

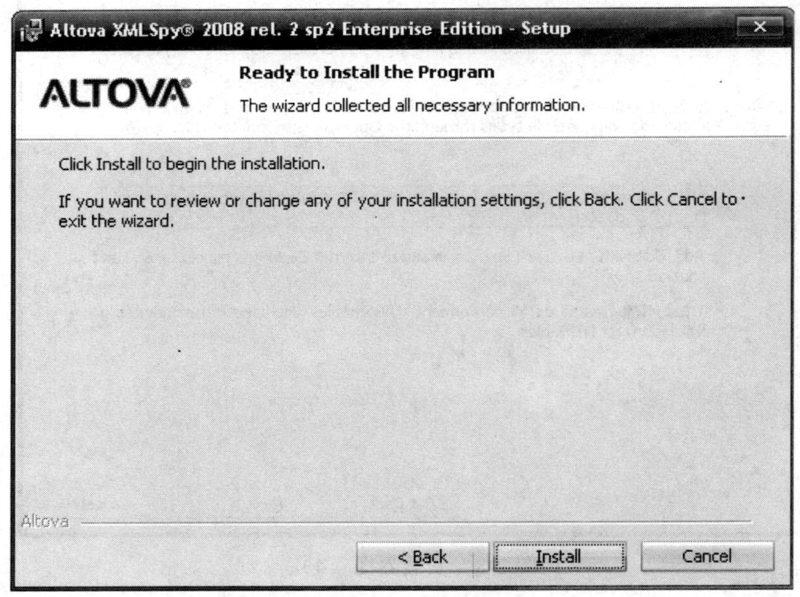

图 2-10　安装界面（6）

任务 4　验证 XML 文档有效性

在 Altova XMLSpy 中进行 XML 文档的有效性验证的界面如图 2-11 所示。操作方法是单击“XML”菜单下的“Validate”子菜单（快捷键为 F8），也可以单击工具栏中的有效性验证工具。

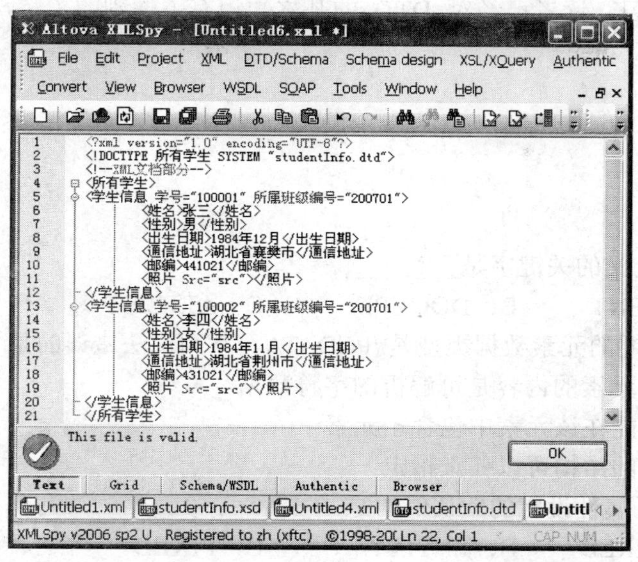

图 2-11　验证 XML 文档

2.4　该你动手了

问题陈述：为了学校各管理系统之间能够交换教材信息数据，要求使用 DTD 对存储该数据的 XML 文档进行约束以确保信息的一致性，创建一个 DTD，并用该 DTD 验证存储教材信息数据的 XML 文档的有效性。教材信息包括 ISBN、教材名称、作者、出版社、版别、版次、内容简介、封面、单价、库存量。

要求：① 确定需要存储的元素和属性。

② 进行文档类型定义，可是内部 DTD，也可以是外部 DTD 或混合 DTD。

③ 利用 DTD 对 XML 文档进行验证。

提示：参考本章中的示例。

2.5　小结

本章学习了如何进行文档类型定义，如何根据 DTD 验证文档。在 DTD 的定义部分，介绍了 DTD 的声明格式，介绍了内部 DTD、外部 DTD 和混合 DTD 的定义及使用方法。对构成 DTD 的元素、属性、实体进行了详细讲解。在元素声明部分，介绍了元素类型的声明格式，空元素、子元素的声明以及混合元素和 ANY 元素的声明方法，还介绍了 DTD 中的可解析字符数据类型#PCDATA，并用大量的实例予以说明。在属性声明部分，通过关键字 ATTLIST 介绍了属性列表的两种声明方法，接着介绍了如何对属性作限定，介绍了属性的数据类型、默认值等。在实体声明部分，举例介绍了内部一般实体、外部解析一般实体、非解析实体、内部参数实体和外部参数实体的声明方法及用法。最后介绍了名称空间的声明和使用方法，以及如何在 DTD 中使用名称空间。

通过本章的学习，读者已经对 DTD 的基本知识有了深刻的了解，为后续章节的学习打下了良好的基础。

2.6 习题

一、选择题

1．文档类型定义的关键字是________。

A．ELEMENT　　B．DOÇYPE　　C．ATTLIST

2．若 DTD 声明的元素数据类型是#PCDATA，下列说法错误的是________。

A．表示该元素的内容是可解析的字符数据

B．表示不能在该元素中包含子元素

C．该元素的结构可以任意指定

3．下列不属于属性设定的默认值的是________。

A．REQUIRED　　B．ENTITY　　C．FIXED

4．下列不存在的实体是________。

A．内部非解析实体　　B．内部一般实体

C．外部参数实体

二、填空题

1．一个元素的内容是可解析的字符数据，则该元素应声明的类型是_________。

2．表示一个元素可以出现一次或多次，但不能不出现的指示符是__________。

3．表示属性可以在元素中出现，也可以不出现的默认值是______________。

三、简答题

1．DTD 的声明方式有哪些？

2．属性设置的默认值有哪些？它们的含义各是什么？

3．内部实体声明需要注意什么？

第 3 章　使用 XML Schema 验证 XML

本章将介绍以下内容：

1. Schema 的基本格式
2. 声明元素的方法
3. 声明属性的方法
4. 利用 Schema 验证 XML 文档的方法

3.1　XML Schema 简介

Schema 是另一种文档类型定义方式，它使用 XML 的语法进行文档定义，具有良好的可扩展性和描述性。通过本章的学习，读者能够了解 Schema 声明元素、属性、数据类型的一般方法以及 XML 文档与 Schema 文档的结合方式。

DTD 是 XML 从标准通用标记语言（SGML）继承而来的，SGML 是为描述性文档（如书籍、报告、宣传资料、网页等）而设计的，DTD 用来满足这些文档类型的需要。但 XML 超越了 SGML 的范围，在用于对象串行化、股票交易、远程过程调用、图形文件格式以及很多看上去与传统的描述性文档无关的应用时，DTD 则显示出其局限性。使用 DTD 在规定 XML 文档的组成元素、属性和元素之间的关系方面显得非常方便，这是因为 DTD 仅提供了两种数据类型，即对应于元素的#PCDATA 类型和对应于属性的 CDATA 类型。这样少的数据类型无法满足文档的可理解性和数据交换的需要，以至于当需要对数据类型作进一步的规定时，DTD 就显得无能为力。

Schema 作为一种定义文件的方式，既具备了 DTD 的功能，又在数据类型定义方面弥补了 DTD 的不足。Schema 是一类特殊的 XML 文档，它通过定义一种新的基于 XML 的语法来描述 XML 文档允许的内容。

对于许多开发人员来讲，Schema 与 DTD 相比的一个显著特征就是其对数据类型的支持。Schema 内置了 37 种数据类型，如 long、int、short、double 等常用数据类型，并通过将数据类型表示为由 value space、lexical space 和 facet 三部分组成的三元组而获得更大的灵活性。但是，Schema 数据类型的真正灵活性来自于其对用户自定义类型的支持。Schema 提供两种方式来实现数据类型的定义。一种是简单数据类型定义（simpleType），即在 Schema 内置的数据类型基础上或其他由 Schema 内置的数据类型继承或定义所得到的简单的数据类型基础上，通过 restriction、list 或者 union 方式定义新的数据类型。另一种是复合类型定义（complexType），该方法提供了一种功能强大的复杂数据类型定义机制，可以实现包括结构描述在内的复杂的数据类型。不仅如此，Schema 还允许元素的内容取空值，这一点可以扩大 Schema 对数据情况的描述范围，而 DTD 则无能为力。

DTD 以关键字#IMPLIED、#FIXED 和#REQUIRED 来指定属性是否出现，并支持属性默认值的定义。Schema 则提供了更明确的标记来实现清晰易懂的表示。Schema 废弃了 DTD 的#IMPLIED，不再支持属性的隐含状态，而要求必须给出明确的状态，并以 prohibited 来表示属性的禁用。对于默认值的表达则更为直观，用 default 来直接给出。

Schema 比 DTD 具有更强的表现力，能够更好地满足不同领域应用的需求。然而，DTD 不会很快被 Schema 替代并最终消失，因为 DTD 仍然有它的适用范围。目前大多数面向 XML 的应用，都对 DTD 作了很好的支持，DTD 的工具也相对较为成熟。当前大多数与 XML 模式相关的算法研究都是基于 DTD 展开的，作为一种研究的延续，并不会放弃 DTD 的研究成果。在有些相对要求简单的处理环境中，DTD 仍然会占有它的一席之地。

3.2 创建 XML Schema

案例 1 创建 XML Schema 文档

问题陈述：为了学校各管理系统之间能够交换学生信息数据，必须对存储该数据的 XML 文档进行约束以确保信息一致性，本节讨论如何建立用于验证的 XML Schema。学生信息包括学号、姓名、性别、出生日期、通信地址、邮编、照片、所属班级编号。学号由 10 位数字组成，班号由 8 位数字组成，性别的有效值为“男”和“女”。

解决上述问题，需要完成以下任务。

任务 1：确定需要存储的元素和属性。

任务 2：确定元素和属性内容的数据类型。

任务 3：声明用户自定义数据类型。

任务 4：确定声明元素的方法。

任务 5：确定声明属性的方法。

任务 6：创建 XML Schema 文件。

任务 1 确定需要存储的元素和属性

根据本节提出的问题，XML 文档用于存储学生信息数据，根据使用元素和属性的原则，确定需要存储的元素和属性及其结构，如表 3-1 所示。

表 3-1 存储学生信息的 XML 文档结构

元素	属性	说明
所有学生		指出存储在文档中的所有学生的信息，作为所有元素的根元素
|--学生信息		
	学号	表示每一个学生的唯一标识
	所属班级编号	表示每一个学生所属班级的标识
|--|--姓名		表示每一个学生的姓名
|--|--性别		表示每一个学生的性别
|--|--出生日期		表示每一个学生的出生日期
|--|--通信地址		表示每一个学生的通信地址
|--|--邮编		表示每一个学生的邮编
|--|--照片		表示每一个学生的照片

任务2 确定元素和属性内容的数据类型

1．数据类型

Schema 相对于 DTD 的一个优越性就是它支持多种数据类型，同时支持用户根据原有的数据类型派生出自己所需要的数据类型。Schema 中共定义了 44 种数据类型，其中 19 种是原始数据类型，另外 25 种是基于这 19 种原始数据类型派生出来的，属于派生数据类型。派生数据类型就是根据一个或多个现有的数据类型进行限制或扩展，用户也可以定义自己的派生数据类型。所有的 44 种数据类型都属于内建数据类型。

2．原始数据类型

19 种原始数据类型又可以非正式地分为程序设计数据类型、XML 数据类型、二进制数据类型和时间数据类型。

（1）程序设计数据类型

程序设计数据类型指在一般程序设计语言或数据库系统中常见的数据类型，它们包括：string、float、double、boolean、decimal 以及无符号的整型、实型等。常用程序设计数据类型如表 3-2 所示。

表 3-2 常用数据类型

名 称	类 型	示 例
xsd:string	可表示任意长度的字符序列	This is a string type
xsd:float	单精度 32 位浮点数	12.5、-45.56、12.56E-4
xsd:double	双精度 64 位浮点数	-12.0、3.4E43
xsd:decimal	任意精度的十进制数	-1.45E-400
xsd:boolean	布尔类型	1（或 true）、0（或 false）

在 XML 应用程序对文档进行处理时，程序设计数据类型为将 XML 数据与应用程序的数据进行对应提供了方便。

例如：学生信息数据中的姓名、性别、通信地址可以定义为 string 类型。

```
<xs:element name="姓名" type="xs:string" />
<xs:element name="性别" type="xs:string" />
<xs:element name="通信地址" type="xs:string" />
```

（2）XML 数据类型

XML 的数据类型有三种：分别是 anyURI、QName 和 NOTATION。

1）anyURI：统一资源定位数据，用于指定 URI。

2）QName：代表一个名称空间的限定名（前缀名）。

3）NOTATION：该数据类型主要用于标识非 XML 格式的数据。

例如：<xs:element name="照片" type="xs:anyURI"/>

（3）二进制数据类型

表示二进制的数据类型有两种：分别是 hexBinary 和 base64Binary。

1）hexBinary：采用十六进制表示的数，如 A2DC3。

2）base64Binary：表示 base64 的编码数据。

（4）时间数据类型

表示时间的数据类型有九种，表 3-3 给出了基于 ISO8601 标准中日期和时间表示法的格式。

表 3-3 时间数据类型

名　称	类　型	示　例
xsd:gYear	表示特定年	2007、1999
xsd:gMonth	表示每年重复出现的一个月	--01、--11
xsd:gDay	表示每月重复出现的一天	---01、---31
xsd:gYearMonth	表示特定年中的特定月	1999-12、2007-05
xsd:gMonthDay	表示每年重复出现的具体日期	--12-31、--01-01
xsd:date	表示一个日期	2007-12-31
xsd:time	表示 24 小时时间	14:30:12
xsd:dateTime	表示日期和具体时间	1999-05-31T13:20:12
xsd:duration	表示持续时间	P1999Y12M31DT01H32M7S

注意：gMonth 类型数据前面需要两个连字符，gDay 类型数据前面需要 3 个连字符，gMonthDay 类型数据月份前面需要两个连字符、日期前面需要 1 个连字符。

例如，学生信息数据中的出生日期可以定义为时间数据类型：

```
<xs:element name="出生日期" type="xs:gYearMonth" />
```

3．派生数据类型

派生数据类型是在原始数据类型基础上定义的，共有 25 种。除此之外，用户还可以自定义派生数据类型。表 3-4 列出了 25 种派生数据类型。

表 3-4 派生数据类型

名　称	类　型	含　义
整型数	xsd:integer	十进制整数
	xsd:positiveInteger	正整数
	xsd:negativeInteger	负整数
	xsd:nonPositiveInteger	非正整数
	xsd:nonNegativeInteger	非负整数
与计算机字长成倍数关系的数据类型	xsd:byte	8 位带符号数（-128～127）
	xsd:unsignedByte	8 位无符号数（0～255）
	xsd:short	16 位短整型数
	xsd:unsignedShort	16 位无符号短整型数
	xsd:int	32 位整型数
	xsd:unsignedInt	无符号 32 位整型数
	xsd:long	64 位整型数
	xsd:unsignedLong	64 位无符号整型数
基于 XML 属性类型的数据类型	ID	单元素的唯一标识符
	IDREF	文档中对一个元素 ID 的引用
	IDREFS	对多个元素 ID 的引用
	ENTITY	文档非解析实体名称
	ENTITIES	多个非解析实体名称

续表

名　称	类　型	含　义
基于 XML 属性类型的数据类型	NMTOKEN	带有特定约束的字符串
	NMTOKENS	多个带有特定约束的字符串
XML 数据类型	Name	XML 中的名字（可带可不带冒号）
	NCName	不带冒号的本地名字
	normalizedString	不包含任何制表符、回车符和换行符的字符串
	token	字符串首尾无余空格、制表符、换行符和不多于一个连续空格的字符串
	language	XML 中定义的 xml:lang 的有效值

例如：可以将邮编定义为无符号的 32 位整型数（其实应为 string 类型）：

<xs:element name="邮编" type="xs:unsignedInt" />

4．用户定义数据类型

用户可以根据程序的需要利用原始数据类型和派生数据类型，派生出自己需要的数据类型。如 simpleType、complexType 类型就属于用户定义数据类型。具体内容将在任务 3 中进行详细说明。

【完成任务】

针对本节提出的问题，可以确定每个需要存储的元素的内容类型，如表 3-5 所示。

表 3-5　需要存储的元素的内容类型

元　素	内容类型	说　明
所有学生	xs:complexType	包含一个或多个“学生信息”元素
学生信息	xs:complexType	包含学生的详细信息，因此将包含姓名、性别、出生日期、通信地址、邮编、照片等元素
姓　名	xs:string	包含表示学生的名字的文本以及学号、所属班级编号属性
性　别	xs:simpleType	包含表示学生的性别的文本
出生日期	xs:gYearMonth	包含表示学生的出生日期的文本
通信地址	xs:string	包含表示学生的通信地址的文本
邮　编	xs:unsignedInt	包含表示学生的邮编的文本
照　片	xs:anyURI	包含表示学生的照片位置的文本，可有可无

元素“学生信息”的两个属性“学号”和“所属班级编号”在用户自定义数据类型中进行定义。

任务 3　声明用户自定义数据类型

1．简单数据类型

简单数据类型是指只能包含可解析的字符数据，不能包含子元素和属性。派生简单数据类型主要通过三个方面来实现：列表派生、联合派生和限制派生。

1）列表派生类型。当文档中的数据需要多次出现时，可以使用列表派生的方法来生成新的数据类型。例如：

```
<xs:simpleType name="myint" id="i">
    <xs:list>
        <xs:simpleType>
            <xs:restriction base="xs:int"></xs:restriction>
```

```
        </xs:simpleType>
    </xs:list>
</xs:simpleType>
```

2）联合派生类型。联合派生类型是将多个数据类型合并成一个支持多种数据类型的任意类型的一种新类型。在派生时，需要指出多个可供选择的数据类型。它可以按照需要定义多个匿名数据类型，进而派生出自己的数据。例如：

```
<xs:simpleType name="myint" id="i">
    <xs:union>
        <xs:simpleType>
            <xs:restriction base="xs:int"></xs:restriction>
        </xs:simpleType>
        <xs:simpleType>
            <xs:restriction base="xs:string"></xs:restriction>
        </xs:simpleType>
    </xs:union>
</xs:simpleType>
```

3）限制派生类型。该方法是对一个已有的数据类型再作限制，使得新派生出的数据类型比被限制的数据类型的取值范围缩小，使用的关键字是 restriction。

```
<xs:simpleType name="myfloat">
    <xs:restriction base="xs:float">
        <xs:enumeration value="12.3" />
        <xs:enumeration value="456.78" />
        <xs:enumeration value="111.1111" />
    </xs:restriction>
</xs:simpleType>
```

对于 restriction 派生方法，有 12 个约束面辅助进行派生限制。这 12 种约束面分成五类：范围限制、枚举限制、处理空白限制、十进制数字限制和模式限制。

（1）范围限制

有 7 个约束面是作用于范围的，如表 3-6 所示。

表 3-6　约束面

约　束　面	意　　义
minInclusive	用于限制数字或日期类数据类型允许的最小值
maxInclusive	用于限制数字或日期类数据类型允许的最大值
minExclusive	用于限制数字或日期类数据类型的下界
maxExclusive	用于限制数字或日期类数据类型的上界
minLength	用于设定某个值的长度下限
maxLength	用于设定某个值的长度上限
length	用于设定某个值的固定长度

例如：

```
<?xml version="1.0" encoding="UTF-8"?>
<xs:schema xmlns:xs="http://www.w3.org/2001/XMLSchema">
    <xs:simpleType name="stringType">
        <xs:restriction base="xs:string">
            <xs:length value="2"/>
        </xs:restriction>
    </xs:simpleType>
    <xs:simpleType name="intType">
        <xs:restriction base="xs:int">
            <xs:minInclusive value="18"/>
            <xs:maxInclusive value="25"/>
        </xs:restriction>
    </xs:simpleType>
    <xs:simpleType name="dateType">
        <xs:restriction base="xs:date">
            <xs:minExclusive value="1989-01-01"/>
            <xs:maxExclusive value="2007-12-31"/>
        </xs:restriction>
    </xs:simpleType>
    <xs:element name="招聘">
        <xs:complexType>
            <xs:sequence>
                <xs:element name="姓名" type="stringType"/>
                <xs:element name="年龄" type="intType"/>
                <xs:element name="出生年月日" type="dateType"/>
            </xs:sequence>
        </xs:complexType>
    </xs:element>
</xs:schema>
```

在这个例子的 XML 文档中，若子元素“姓名”的内容超过 2 个字符或少于 2 个字符或年龄不在 18～25 岁（注意不包含 18 和 25）或出生年月日不在指定日期范围内，都是不能通过有效性检查的。

（2）枚举限制

枚举限制就是针对一个基础数据类型限定一列允许值而派生出的一个新数据类型。比如可以对“性别”元素进行枚举限制，即它只能从“男”、“女”这一列值中选取。相应的类型定义可以表示为：

```
<xs:element name="性别">
```

```
        <xs:simpleType>
            <xs:restriction base="xs:string">
                <xs:enumeration value="男" />
                <xs:enumeration value="女" />
            </xs:restriction>
        </xs:simpleType>
    </xs:element>
```

枚举限制一般使用关键字 enumeration。

（3）处理空白限制

对于文档中的空白，一般使用关键字 whiteSpace，它有三种取值，分别是 collape、preserve 和 replace，如表 3-7 所示。

表 3-7　空白限制取值

约束面 whiteSpace 的取值	含　义
collape	将一个空白序列压缩成单个空格并且去掉序列的前导和结尾空白
preserve	忽略空白
replace	将所有形式的空白如制表符、换行符、回车符等都转换成空格符

如：

```
<xsd:simpleType name="WhiteSpace">
    <xsd:restriction base="xsd:string">
        <xsd:whitespace value="collapce"/>
    </xsd:restriction>
</xsd:simpleType>
```

（4）十进制数字限制

限制十进制数字有两个约束面：totalDigits 和 fractionDigits。totalDigits 表示限制一个十进制数的最大位数，fractionDigits 限制十进制数小数部分的最大位数。

这里不再举例，请读者自己举例验证。

（5）模式限制

模式限制比较复杂，一般通过正则表达式来描述模式限制，关键字是 pattern。这里只是简单地介绍一下有关通配符，有兴趣的读者，可以参看有关书籍。单个字符是最简单的正则表达式，一个字符串也是一个正则表达式。如果需要规定字符出现的次数，则需要量词来辅助说明。表 3-8 给出了 XML 模式使用的正则表达式符号。

表 3-8　正则表达式符号说明

符　号	含　义
A?	A 出现 0 次或 1 次，如：A、AA
A*	A 出现 0 次或多次
A+	A 出现 1 次或多次
A{n,m}	A 出现的次数在 n 和 m 之间
A{n}	A 精确地出现 n 次
A{n, }	A 至少出现 n 次

续表

符　号	含　义
A(,n)	A 最多出现 n 次
A|B	A 或者 B 中的一个出现
AB	AB 顺序出现
*	任意字符
[a-z]	从 a 到 z 的任何一个字符只能出现 1 次，如：[abcde]
[^a-z]	不属于 a 到 z 的任何一个字符只能出现 1 次，如：[^abcd]
\n	换行
\r	回车
…	…

例如：限制“学号”元素由 10 个数字组成，限制“所属班级编号”元素由 8 个数字组成。

```
<xs:simpleType name="student No Type1">
    <xs:restriction base="xs:string">
        <xs:pattern value="[0-9]{10}"/>
    </xs:restriction>
</xs:simpleType>
<xs:simple Type name="class No Type">
   <xs:restriction base="xs:string">
      <xs:pattern value="[0−9] ｛8｝ "/>
   <xs:restriction>
</xs:simple Type>
```

2．复杂数据类型

复杂数据类型是一类可以包含若干子元素和属性的数据类型。复杂数据类型是需要用户自己进行派生而获得的，也可以通过已有的简单数据类型或者复杂数据类型进行扩充和限制而获得。

声明复杂数据类型的方法有以下几种。

格式一：一般声明方法。

```
<xsd:complexType name="类型名">
    <xsd:sequence>
        <xsd:element name="元素 1" type="数据类型" />
        <xsd:element name="元素 2" type="数据类型" />
        ……
        <xsd:attribute name="属性 1" type="数据类型" />
        <xsd:attribute name="属性 2" type="数据类型" />
        ……
    </xsd:sequence>
</xsd:complexType>
```

格式二：扩充已有简单类型元素的属性的方法。

```
<xsd:complexType name="类型名">
    <xsd:simpleContent>
        <xsd:extension base="数据类型">
            <xsd:attribute ... />
        </xsd:extension>
    </xsd:simpleContent>
</xsd:complexType>
```

格式三：扩充已有复杂类型的方法（包括元素和属性）。

```
<xsd:complexType name="类型名">
    <xsd:complexContent>
        <xsd:extension base="数据类型">
            <xsd:element ... />
            ……
            <xsd:attribute ... />
            ……
        </xsd:extension>
    </xsd:complexContent>
</xsd:complexType>
```

格式四：限制一个复杂类型而派生出新的复杂数据类型的方法。

```
<xsd:complexType  name="新的复杂类型名">
    <xsd:complexContent>
        <xsd:restriction base="原有复杂类型名">
            <xsd:element ... />
            ……
            <xsd:attribute ... />
            ……
        </xsd:restriction>
    </xsd:complexContent>
</xsd:complexType>
```

这种方法是对原有定义的复杂数据类型加以限制，从而派生出一种新的复杂数据类型，比如新类型可以让原有类型的部分元素不出现。

【完成任务】

针对本节提出的问题，将元素“性别”定义为简单数据类型，元素“所有学生”和“学生信息”定义为复杂数据类型，可以作如下声明。

元素“所有学生”可以包含多个子元素“学生信息”，属于复杂数据类型。

```
<xs:element name="所有学生">
```

```
        <xs:complexType>
                ……
        </xs:complexType>
    </xs:element>
```

元素“学生信息”包含“姓名、性别、出生日期、通信地址、邮编、照片”六个子元素，也属于复杂数据类型。

```
    <xs:element name="学生信息">
        <xs:complexType>
                ……
        </xs:complexType>
    </xs:element>
```

元素“性别”，因为限定其取值，所以声明为简单数据类型。

```
    <xs:element name="性别">
            <xs:simpleType>
                ……
            </xs:simpleType>
    </xs:element>
```

任务 4　确定声明元素的方法

1．声明元素

Schema 保存在以.xsd 为后缀名的文档中。Schema 在对 XML 元素进行声明时，采用 element 元素来进行声明，并且在声明简单元素和复杂元素时也不相同，同时还存在元素组的概念。

（1）简单元素

简单元素是指不包含子元素和属性的元素。它是一种简单数据类型的元素。Schema 在对 XML 元素进行声明时，常采用 element 元素来进行声明。

声明一个简单元素的具体语法格式如下：

```
<xsd:element name="元素名" type="数据类型" />
```

如：

```
<xsd:element name="姓名" type="xsd:string" />
        <xs:element name="性别" type="xs:string" />
    <xs:element name="通信地址" type="xs:string" />
    <xsd:element name="出生日期" type="xsd:gYearMonth"/>
<xsd:element name="邮编" type="xsd:unsignedInt"/>
```

如果元素的数据类型是用户派生的类型（用户定义的类型派生而来），则声明简单元素的格式如下为：

```
<xsd:element name="元素名">
    <xsd:simpleType>
        ……
    </xsd:simpleType>
</xsd:element>
```

例如：学生信息数据中“性别”元素是用户派生的简单数据类型，限定值为“男”、“女”中的一个。

```
<xs:element name="性别">
    <xs:simpleType>
        <xs:restriction base="xs:string">
            <xs:enumeration value="男" />
            <xs:enumeration value="女" />
        </xs:restriction>
    </xs:simpleType>
</xs:element>
```

这里“性别”元素是用户派生的简单数据类型，它的值域是{“男”，“女”}，只能是这其中的一个，且不能为空。

（2）复杂元素

包含有子元素的元素称为复杂元素，它属于复杂数据类型。声明一个顺序的复杂元素的语法格式如下：

```
<?xml version="1.0" encoding="UTF-8"?>
<xsd:schema xmlns:xsd="http://www.w3.org/2001/XMLSchema">
<xsd:element name="元素名">
    <xsd:complexType>
        <xsd:sequence>
            <xsd:element name="子元素1"  type="数据类型"/>
            <xsd:element name="子元素2"  type="数据类型"/>
            ……
            <xsd:element name="子元素n"  type="数据类型"/>
        </xsd:sequence>
    </xsd:complexType>
</xsd:element>
</xsd:schema>
```

例如：学生信息数据中的“学生信息”可以看成是一个复杂元素。

```
<?xml version="1.0" encoding="UTF-8"?>
<xsd:schema xmlns:xs="http://www.w3.org/2001/XMLSchema">
```

```
    <xsd:element name="学生信息">
        <xsd:complexType>
            <xsd:sequence>
                <xsd:element name="姓名" type="xsd:string"/>
                <xs:element name="性别">
                    <xs:simpleType>
                        <xs:restriction base="xs:string">
                            <xs:enumeration value="男" />
                            <xs:enumeration value="女" />
                        </xs:restriction>
                    </xs:simpleType>
                </xs:element>
                <xsd:element name="出生日期" type="xsd:gYearMonth"/>
                <xsd:element name="邮编" type="xsd:unsignedInt"/>
            </xsd:sequence>
        </xsd:complexType>
    </xsd:element>
</xsd:schema>
```

2．特殊元素

除了简单元素和复杂元素外，还存在一类比较特殊的元素，它们是空元素、anyType 元素、混合内容元素和选择型元素。

（1）空元素

空元素是指元素中不能包含任何子元素或已解析的数据，即元素的内容为空值，它与 DTD 的 EMPTY 内容模型相似。有两种表示空值的方法：一种是使用属性 nillable=“true”，另一种是使用属性 minOccurs=“0”。

nillable=“true”属性可以使一个空元素具备占位符的功能，minOccurs=“0”属性可以使其修饰的元素在 XML 文档中不出现。如：

```
<xs:element name="张三" nillable="true" type="xs:string" />
<xs:element name="李四" minOccurs="0" type="xs:string" />
```

在这个例子的 XML 文档中，元素“张三”必须出现，否则会出错，而元素“李四”可以不出现。

（2）anyType 类型的元素

anyType 类型的元素是指可以包含任意类型子元素的元素，与 DTD 中的 any 元素类似。一个 anyType 类型的元素不以任何形式约束其包含的内容。声明 anyType 类型元素的语法格式如下：

```
<xsd:element name="元素名" type="xsd:anyType">
```

或者：

```
<xsd:element name="元素名">
```

也就是说，anyType 是定义元素时的默认类型。声明为该类型的元素的值可以是数值、字符串或者字符和元素的混合。

（3）混合内容元素

混合内容元素是指既包含子元素，又包含字符数据的元素。声明一个混合内容元素，需要将复杂数据类型 complexType 的属性 mixed 设置为 true。具体语法格式如下：

```
<xsd:element name="元素名">
    <xsd:complexType mixed="true">
        <xsd:sequence>
            ……
        </xsd:sequence>
    </xsd:complexType>
</xsd:elelment>
```

例如：

```
<xs:element name="职工">
    <xs:complexType mixed="true">
        <xs:sequence>
            <xs:element name="张三" nillable="true" type="xs:string" />
            <xs:element name="李四" minOccurs="0" type="xs:string" />
        </xs:sequence>
    </xs:complexType>
</xs:element>
```

在这个例子中，元素“职工”是混合内容元素，它包含了字符数据，也包含了两个子元素，且字符数据可以在元素的任何位置上出现。

（4）选择型元素

选择型元素是指可以在多个子元素中选择一个元素作为元素内容，它也是复杂类型元素，关键字为 choice。具体声明格式如下：

```
<xsd:element name="元素名">
    <xsd:complexType>
        <xsd:choice>
            <xsd:element name="子元素 1" type="数据类型" />
            <xsd:element name="子元素 2" type="数据类型" />
            ……
        </xsd:choice>
    </xsd:complexType>
</xsd:element>
```

例如：

```
<xs:element name="职工">
```

```
    <xs:complexType mixed="true">
        <xs:choice>
            <xs:element name="张三" nillable="true" type="xs:string" />
            <xs:element name="李四" minOccurs="0" type="xs:string" />
        </xs:choice>
    </xs:complexType>
</xs:element>
```

在这个例子的 Schema 文件中提供了两个可供选择的元素“张三”和“李四”，在 XML 文档中只能选择其中之一。

3．元素组

有时候一个元素包含多个子元素，部分子元素之间存在一些逻辑上的关系，若将这些子元素分为一组，则在声明以及使用时提供了方便。元素组作为一类特殊的形式，在进行声明时，它必须是 schema 根元素的直接子元素。其他类型元素需要将元素组作为它的子元素时，就必须通过引用的形式来实现。需要注意的是，元素组的元素都不能包含属性声明。

声明元素组时使用关键字 group，语法格式如下：

```
<xsd:group name="元素组名">
    <xsd:sequence>
        <xsd:element name="元素组子元素 1" type="数据类型" />
        <xsd:element name="元素组子元素 2" type="数据类型" />
        ……
    </xsd:sequence>
</xsd:group>
```

4．元素限制

DTD 中存在一些属性设置和默认值，用来控制元素出现的次数。Schema 也提供了这样的机制，主要通过设置元素的 minOccurs 和 maxOccurs 属性来限制元素出现的次数。minOccurs 属性用来指定元素出现的最少次数，maxOccurs 属性用来指定元素出现的最多次数。如果它们的值设置为 unbounded，则表示不限制元素出现的次数。Schema 根元素的直接子元素不能指定这两个属性值，只能在非根元素的直接子元素中指定。

用户也可以给 Schema 文件的元素指定默认值，主要通过设置元素的 default 属性和 fixed 属性。若元素的 default 属性指定了值，在 XML 文档中可以使用默认值，也可以重新设置；fixed 属性用来规定元素的值必须是一个固定值，在 XML 文档中指定了 fixed 值的元素的内容必须为指定的固定值，否则不能通过有效性检查。

关于多个同级别的子元素在 XML 文档中出现的顺序问题，Schema 用三种方式来加以限制。三个关键字分别是：sequence、all、choice。

1）sequence 限制。在前面的大量例子中使用了这种限制。

```
<xs:sequence>
    <xs:element name="子元素 1" />
```

```
        <xs:element name="子元素 2" />
        <xs:element name="子元素 3" />
    </xs:sequence>
```

它规定了子元素在 XML 文档中出现的顺序必须与 Schema 声明中的顺序一致。

2）all 限制。使用<xsd:all>限制的意思是序列中的子元素可以按照任意的顺序出现，但这些子元素每个最多只能出现 1 次（即使子元素的 maxOccurs 属性值大于 1）。

3）choice 限制。<xsd:choice>限制也就是前面介绍过的选择型元素，它的作用是在若干个给定的子元素中选择一个出现在 XML 文档中。

5．全局元素与局部元素

所谓全局元素，就是指 Schema 文件中根元素的直接子元素。所谓局部元素，是指其父元素不是 Schema 根元素的元素。

全局元素可以作为其他元素的引用，而局部元素不能。全局元素的名称必须唯一，而局部元素的名称，在不同的上下文环境中可以相同（同一上下文环境中也必须唯一），有时局部元素在其作用范围内可以覆盖全局元素。

6．any 元素

any 元素是 Schema 中的一种特殊元素，在复杂类型内使用 any 元素意味着任何元素都可以出现在那个位置上，这样可以有效地解决事先无法预知的内容的占位符问题。使用 any 元素时，也可以通过指定它的名称空间属性 namespace 来指明 any 元素的详细信息，namespace 属性有四种取值。

1）##any：表示可以选用来自任何名称空间的任何元素。

2）##local：表示任何非限定元素（不属于名称空间）。

3）##other：表示非 targetNamespace 名称空间中的任何元素。

4）##targetNamespace：表示 targetNamespace 中的任何元素。

【完成任务】

针对本节提出的问题，可以确定每个需要存储的元素的内容类型及数据类型，这些元素是“所有学生、学生信息、姓名、性别、出生日期、通信地址、邮编和照片”。

```
    <?xml version="1.0" encoding="UTF-8"?>
    <xs:schema xmlns:xs="http://www.w3.org/2001/XMLSchema"
elementFormDefault="qualified" attributeFormDefault="unqualified">
    <xs:element name="所有学生">
        <xs:complexType>
            <xs:sequence>
                <xs:element name="学生信息" minOccurs="0" maxOccurs="unbounded">
                    <xs:complexType>
                        <xs:sequence>
                            <xs:element name="姓名" type="xs:string"/>
                            <xs:element name="性别">
                                <xs:simpleType>
```

```
                        <xs:restriction base="xs:string">
                            <xs:enumeration value="男" />
                            <xs:enumeration value="女" />
                        </xs:restriction>
                    </xs:simpleType>
                </xs:element>
                <xs:element name="出生日期" type="xs:gYearMonth"/>
                <xs:element name="通信地址" type="xs:string"/>
                <xs:element name="邮编" type="xs:unsignedInt"/>
                <xs:element name="照片" type="xs:anyURI"/>
            </xs:sequence>
        </xs:complexType>
    </xs:element>
    </xs:sequence>
  </xs:complexType>
</xs:element>
</xs:schema>
```

任务 5 确定声明属性的方法

1．声明属性

在 DTD 中介绍了实体和属性，而 Schema 不能使用实体，但可以使用属性。在 Schema 中声明属性使用关键字 attribute。与元素不同，属性必须是简单的数据类型。一个元素的各个属性都是不同的，不允许一个元素拥有两个具有相同名称的属性。

有两种声明属性的方法，一种是属性的数据类型为内建的数据类型，语法格式如下：

```
<xsd:attribute name= “属性名” type= “数据类型” />
```

另一种是属性的数据类型为用户派生的简单数据类型，语法格式如下：

```
<xsd:attribute name="属性名">
    <xsd:simpleType>
        ……
    </xsd:simpleType>
</xsd:attribute>
```

如：

```
<xs:attribute name="所属班级编号">
    <xs:simpleType>
        <xs:restriction base="xs:string">
            <xs:pattern value=" [0-9]{8}"/>
        </xs:restriction>
    </xs:simpleType>
```

```
</xs:attribute>
```

这个例子声明了一个名为“所属班级编号”的属性，限定为 8 个数字。

又如：

```
<xs:attribute name="学号" type="rest1"/>
<xs:simpleType name="rest1">
    <xs:restriction base="xs:string">
        <xs:pattern value=" [0-9]{10}"/>
    </xs:restriction>
</xs:simpleType>
```

这里声明了一个名为“学号”的属性，其类型为自定义的 rest1，而其后给出了类型 rest1 的定义，也就限定“学号”由 10 个数字组成。

2．属性引用

元素的属性声明和使用是在声明元素的同时进行的，也可以使用属性引用来引用其他地方声明的属性。语法格式如下：

```
<xsd:attribute ref="属性名"/>
```

声明一个属性引用使用关键字 ref。这里需要注意的是：第一，不能先声明元素的一个属性，然后在元素的另外一个属性中引用它；第二，在没有使用名称空间的情况下，不能引用其他元素的属性作为自己的属性。

对于前面所声明的元素“学生信息”的属性“所属班级编号”，需要进行属性引用，如下所示。

```
<xs:attribute ref="所属班级编号"/>
```

3．属性组

若一个元素具有多种属性，在进行属性声明时可以使用属性组声明，这样有助于 XML 文档结构的模块化。声明属性组使用关键字 attributeGroup，具体语法格式如下：

```
<xsd:attributeGroup name="属性组名">
    <xsd:attribute name="属性 1"…/>
    <xsd:attribute name="属性 2"…/>
    ……
</xsd:attributeGroup>
```

在声明属性组时，一般通过关键字 ref 来引用，特别注意其标记为 attributeGroup。

4．any 类型属性

与 any 元素对应，属性也可以声明为任意类型。any 类型属性声明使用关键字 anyAttribute。声明为 any 类型的属性具备了占位符功能，在 XML 文档中，它允许将这种类型的属性替换成任意类型的属性。相应的属性取值有如下几种。

1）##any：表示可以选用来自任何名称空间的任何元素。

2）##local：表示任何非限定元素（不属于名称空间）。

3）##other：表示非 targetNamespace 名称空间中的任何元素。

4）##targetNamespace：表示 targetNamespace 中的任何元素。

当不确定一个元素的属性值时，可以使用这种方式来获得不必事先指定的属性值。我们一般不推荐使用这种方式，因为这样做会破坏文档的结构性。

5．属性限制

就属性来说，属性不能多次出现，它要么出现一次，要么不出现。对属性的出现与不出现作出限制一般使用关键字 use，其值有三种：required（必须出现）、optional（选择出现）和 prohibited（禁止出现）。

属性除了存在“是否出现”的限制外，还存在内容上的限制。与元素一样，通过 default 规定属性的默认值，通过 fixed 指定属性的固定值。

【完成任务】

针对本节提出的问题，可以确定每个需要存储的属性的内容类型及属性类型，如表 3-9 所示。

表 3-9　需要存储的属性的内容类型及属性类型

属　性	所属元素	内容类型	属性类型	说　明
学号	学生信息	xs:string	自定义简单数据类型	学号由 10 位数字组成
所属班级编号	学生信息	xs:string	自定义简单数据类型	班号由 8 位数字组成

可以指定属性“学号”的类型为 rest1 自定义类型；“所属班级编号”属性以属性引用方式进行声明，具体如下：

```
<xs:attribute name="学号" type="rest1"/>
<xs:attribute ref="所属班级编号"/>
<xs:simpleType name="rest1">
    <xs:restriction base="xs:string">
        <xs:pattern value=" [0-9]{10}"/>
    </xs:restriction>
</xs:simpleType>
<xs:attribute name="所属班级编号">
    <xs:simpleType>
        <xs:restriction base="xs:string">
            <xs:pattern value=" [0-9]{8}"/>
        </xs:restriction>
    </xs:simpleType>
</xs:attribute>
```

任务 6　创建 XML Schema 文件

1．XML Schema 的基本结构

Schema 文档的根元素是 Schema，必须位于http://www.w3.org/2001/XMLSchema这个名称空间中，通常这个名称空间一定要使用前缀 xsd 或 xs。

声明根元素的一般形式为：

```
<?xml version="1.0" encoding="UTF-8"?>
<xsd:schema xmlns:xsd="http://www.w3.org/2001/XMLSchema">
……
</xsd:schema>
```

根元素还可以包含模式约束、名称空间定义、版本信息等属性。

targetnamespace 属性用于指明目标名称空间，也就是指该 Schema 文档中声明的所有元素所属的名称空间。一般可以使用 xmlns 来规定 Schema 文档的默认名称空间。

Schema 还有两个可选属性：elementFormDefault 和 attributeFormDefault。elementForm Default 用来规定在实例化的 XML 文档中的局部元素名称是否需要加上名称空间前缀。如果它的值为 qualified，则需要添加前缀，若为 unqualified，则不需要添加前缀。attributeForm Default 的作用与 elementFormDefault 类似，它用于规定在实例化的 XML 文档中的属性名称前是否需要加上名称空间前缀。

实现在 XML 文档中使用一个 Schema 文件有两种方式。

第一种方式：如果 Schema 指定了 targetnamespace="URI"，且假设 XML 的文档元素为 root，则需要使用的格式如下：

```
<root xmlns="URI"   xmlns:xsi=" http://www.w3.org/2001/XMLSchema-instance"
      xsi:schemaLocation="schema 文件">
```

第二种方式：如果 Schema 没有给出 targetnamespace="URI" 这个属性，则需要使用如下格式：

```
<root xmlns="URI"   xmlns="http://www.w3.org/2001/XMLSchema-instance"
      xsi:noNamespaceSchemaLocation="schema 文件">
```

XML 模式是一个文本文件，它独立于 XML 文档。模式文件以.xsd 为文件扩展名。其基本形式为：

```
<?xml version="1.0"?>
<xsd:schema xmlns:xsd="http://www.w3.org/2000/10/XMLSchema">
</xsd:schema>
```

模式以通常的 XML 声明开头，并以<xsd:schema>开始和结束，属性 xmlns:xsd 以 url 作为其属性值，声明其名字空间。

XML 文档需要对应其模式，由 XML 文档的根元素中的 NoNamespaceSchemaLocation 属性来指明模式文件的位置。

2．Schema 中的名称空间

使用名称空间的目的是为了避免不同类型的同名标记产生冲突。Schema 中经常会用到名称空间，并且 Schema 与名称空间的结合比 DTD 灵活。

在前面的相关知识点小节中，我们没有在 XML 文档中不使用名称空间，所以在 XML 文档中应用 Schema 文档时，可通过在文档元素中使用 noNamespaceSchemaLocation 属性来实现。如果要在一个 Schema 文档中应用名称空间，就需要在声明 Schema 根元素时同时给出属性 targetNamespace 的值。

使用 Schema 是为了能够使计算机来检验文档结构的有效性，一个文档的细节如果没有违反 Schema 所定义的约束，就可以认为它对该 Schema 是有效的。

3．对 XML Schema 文件的重用（import 和 include）

对代码进行注释是一种良好的编程习惯，既可提高代码的可读性，又能有效地提高代码的质量，降低后续维护的成本。当 Schema 需要引入外部存在的 Schema 文件时，就需要使用 import 和 include 元素来包含所需的具体文件。

（1）import

import 元素用于将元素声明、简单或复杂类型定义等模式结构信息从外部模式导入当前模式文件中，必须注意的是，如果使用名称空间，则外部模式的目标名称空间应该与当前导入模式文档的名称空间相同，当然也可不使用名称空间。例如：

```
<?xml version="1.0" encoding="UTF-8"?>
<xsd:schema xmlns:xsd="http://www.w3.org/2001/XMLSchema" targetNamespace="import">
<xsd:import schemaLocation="外部 XSD.xsd"/>
……
</xsd:schema>
```

（2）include

include 元素用于将元素声明、简单和复杂数据类型定义等模式结构信息从外部模式文档导入 include 模式文档中，并且外部模式文件所在的名称空间必须与当前导入的模式文件保持匹配，否则必须使用空名称空间。例如：

```
<?xml version="1.0" encoding="UTF-8"?>
<xsd:schema xmlns:xsd="http://www.w3.org/2001/XMLSchema" >
<xsd:include schemaLocation="外部 XSD.xsd"/>
……
</xsd:schema>
```

import 与 include 元素的区别在于其对于包含名称空间的 Schema 文件的处理不同。

4．注释

XML Schema 提供了三个元素用于注释，分别是 annotation、documentation 和 appinfo。其中 documentation 和 appinfo 是 annotation 的子元素，annotation 元素一定要与它的两个子元素中的一个相结合才能用于注释，注释放置的位置比较灵活，只要不与其他标记形成部分重叠的关系即可。

【完成任务】

针对本节提出的问题，在 Altova XMLSpy 中创建 Schema 文件，步骤如下。

1）启动 Altova XMLSpy。

2）选择“文件”→“新建”命令，弹出“新建文档”对话框（Creaete new document），选择 XSD File 选项，单击“OK”按钮，如图 3-1 所示。

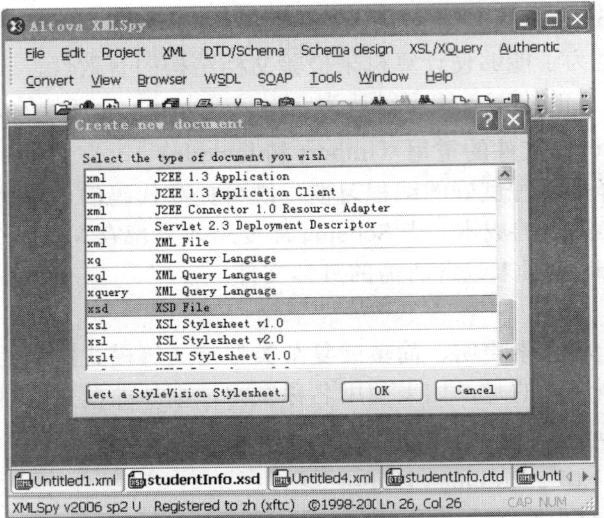

图 3-1 新建 Schema 文档

3）在编辑区进行元素及属性的声明，如图 3-2 所示。

图 3-2 Schema 文档

4）选择路径，保存文件为 studentInfo.xsd。

3.3 利用 XML Schema 验证 XML

案例 2 利用 XML Schema 验证 XML 文档的有效性

问题陈述：现已创建用于验证学生信息数据的 XML Schema。要求用该 XML Schema 验证一个 XML 文档的有效性。

解决上述问题，需要完成以下三个任务。

任务 1：创建一个 XML 文档。

任务 2：安装根据 XML Schema 验证 XML 的程序。

任务 3：验证 XML 文档的有效性。

任务 1 创建一个 XML 文档

1）启动 Altova XMLSpy。

2）选择"文件"→"新建"命令，在弹出的"新建文档"对话框中选择 XML File 选项，单击"OK"按钮。

3）弹出选择外部 DTD 或 Schema 的对话框，选择"Schema"，单击"OK"按钮。

4）弹出查找外部 Schema 文档的对话框，如图 3-3 所示。单击"Browse"按钮，找到前面保存的 studentInfo.xsd 文件，单击"OK"按钮。

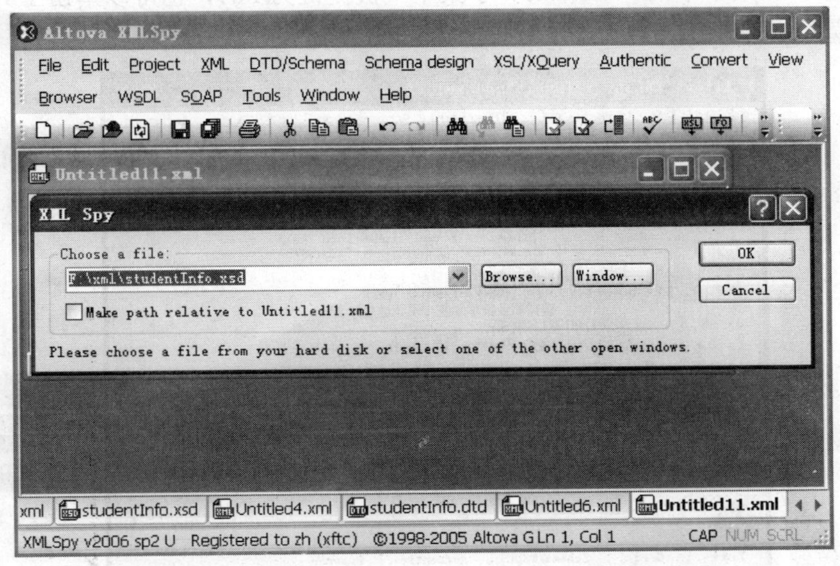

图 3-3 查找外部 Schema 文档对话框

5）在编辑区输入如下内容，如图 3-4 所示。

图 3-4　编辑 XML 文档内容

任务 2　安装根据 XML Schema 验证 XML 的程序

在创建 XML 文档时若不采用向导方式加载 Schema，可以在编辑区手动输出外部的 Schema 文档，来验证当前的 XML 文档。即在版本信息之后可添加如下代码：

```
<所有学生 xmlns:xsi="http://www.w3.org/2001/XMLSchema-instance"
    xsi:noNamespaceSchemaLocation="F:\xml\studentInfo.xsd">
```

任务 3　验证 XML 文档的有效性

单击“XML”菜单下的“Validate”子菜单（快捷键为 F8），也可以单击工具栏中的有效性验证工具，如图 3-5 所示。

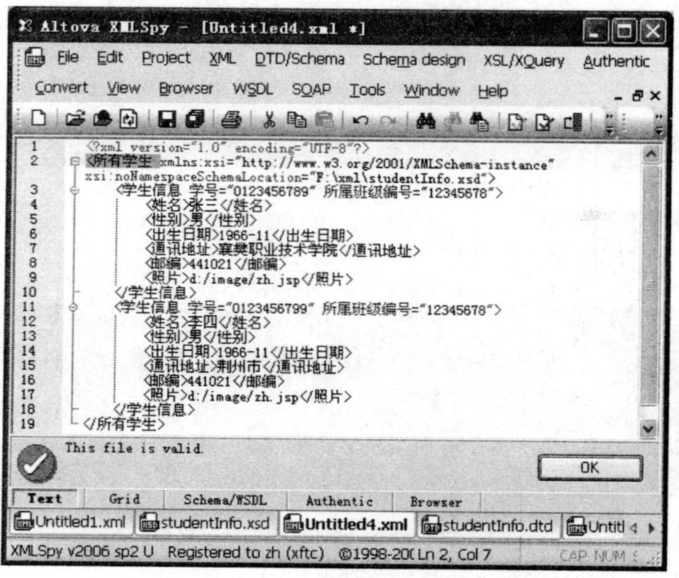

图 3-5　验证 XML 文档的有效性

3.4　该你动手了

问题陈述：为了学校各管理系统之间能够交换教材信息数据，要求使用 XML Schema 对存储该数据的 XML 文档进行约束，以确保信息一致性，创建一个 XML Schema，并用该 XML Schema 验证存储教材信息数据的 XML 文档的有效性。教材信息包括 ISBN、教材名称、作者、出版社、版别、版次、内容简介、封面、类型、单价、库存量。ISBN 格式形如“X-XXX-XXXXX-X”，类型的有效值为“规划教材”、“校本教材”、“其他”。

要求：正确声明 Schema 元素和属性，并编写 Schema 文档；创建一个 XML 文档，用所编写的 Schema 文档验证其有效性。

提示：参照本章示例“学生信息”。

3.5　小结

本章运用大量实例，阐述了 Schema 的相关知识。介绍了 Schema 与 DTD 的区别，并详细讲述了元素声明和属性声明的方法。在元素声明中，介绍了一般元素的声明格式，包括简单元素和复杂元素，以及特殊元素、元素组、全局元素与局部元素、any 元素的声明方法。在元素属性声明中，介绍了属性声明、属性的引用以及属性限制和 any 类型属性。讨论了 Schema 数据类型，包括原始数据类型、派生数据类型和用户派生数据类型。对于 restriction 派生方法，给出了 12 个约束面的限制。讲述了注释的作用和如何对一个 Schema 文档进行注释等。还介绍了如何导入外部 Schema 文件，指出了 import 方法与 include 方法的不同。为提高 XML 文档的模块化程度和可重用性，介绍了 Schema 名称空间的声明方法。

3.6　习题

一、选择题

1．Schema 文件中用来指明目标名称空间的属性关键字是__________。

A．targetnamespace　　B．schemaLocation

C．noNamespaceSchemaLocation

2．下列不是 Schema 的原始数据类型的是__________。

A．integer　　B．date　　C．hexBinary

3．派生简单数据类型主要通过__________方面来实现。

A．限制派生　　B．自定义派生　　C．联合派生

二、填空题

1．每一个 Schema 文档都必须拥有一个名为______________的根元素。

2．Schema 文档的扩展名是____________________。

3．要声明一个混合内容元素，必须将 complexType 的_____________属性设置为 true。

4．声明元素组时使用的关键字是___________________。

5．Schema 通过指定元素的___________和__________属性来限制元素出现的次数。

三、简答题

1．派生简单数据类型的方法有哪些？

2．什么是全局元素？什么是局部元素？

3．用 xmlns 属性定义名称空间时，前缀有什么作用？

第 4 章　使用 CSS 格式化页面

本章将介绍以下内容：

1. CSS 的基本概念和语法格式
2. CSS 的常用属性及其用法
3. 将 CSS 应用于 XML 文档的方法

4.1　CSS 简介

层叠样式表（Cascading Style Sheet，简称 CSS）最初是为 HTML 设计的，其主要目的是为了让网页开发人员将网页内容与显示格式分开，进而提高网页开发的效率并提供多样化的显示效果和丰富的显示格式，如字体、颜色、位置等。使用 CSS 能非常方便地实现文档显示格式的一致性。在 XML 文档中使用 CSS 可以为用户自定义的元素或标记定义其显示格式。

CSS 是由 W3C 所提出的，目前 CSS 分为 CSS1 和 CSS2 两个版本，CSS3 也正在研制中，其中 CSS2 比 CSS1 具有更强的功能，也是目前广泛使用的版本。微软公司的 IE5.0 及以上版本和网景公司的 Netscape Communication 5.0 及以上版本的浏览器均支持 CSS2，本章主要以 CSS2 来介绍 CSS。

需要说明的是，由于 CSS 对中文标签的支持不是很好，所以本章所介绍的 XML 中的标签全部使用英文标签。

4.2　创建 CSS

案例　利用 CSS 显示 XML 文档

问题陈述：在教材管理系统中，要显示教材信息，需要按照下面指定的格式显示教材详细信息：左边显示教材封面图片，右边显示教材名称、作者、出版社、单价、库存量。每项内容均占一行。教材名称必须以蓝色、14 磅大小的字来显示，并且应该以粗体显示。版别、版次、内容简介、类型等不显示。用于表示教材信息的 XML 文档如下：

```
<?xml version="1.0" encoding="GB2312"?>
<books>
<book ISBN="978-7-5308-4474-8">
```

```
        <frontcover>pic/book1.jpg</frontcover>
        <bookname>SQL Server 2000 数据库技术及应用</bookname>
        <author>王亚楠 张志平</author>
        <press>天津科学技术出版社</press>
        <editioned>2008 年 2 月第 1 版</editioned>
        <introduction>本书根据...</introduction>
        <price>32.00</price>
        <storage>100</storage>
    </book>
    <book ISBN="978-7-5618-2646-1">
        <frontcover>pic/book2.jpg</frontcover>
        <bookname>动态网页制作实例教程</bookname>
        <author>丁桂芝</author>
        <press>天津大学出版社</press>
        <editioned>2008 年 4 月第 1 版</editioned>
        <introduction>能够将多种工具...</introduction>
        <price>41.00</price>
        <storage>80</storage>
    </book>
    </books>
```

解决上述问题，需要完成以下任务。

任务 1：确定要显示的元素。

任务 2：确定每个元素显示的机制。

任务 3：创建 CSS 文件。

任务 4：将 CSS 启用于 XML 文档。

任务 5：在浏览器中查看 XML 文档。

任务 1　确定要显示的元素

CSS 是为 XML 文件定义显示样式的，这样有利于数据与显示样式分离。在创建 CSS 之前，首先要确定需要为哪些元素定义显示样式。根据问题陈述，要显示的元素包括教材名称、作者、出版社、单价、库存量和封面。

1．在 XML 文档中使用 HTML 标记

根据问题陈述，在要显示的元素中包含有图片。对于 XML 文档中的文本信息，可以方便地显示出来，但是对于图片、链接、表格等原来在 HTML 文件中非常方便显示的元素则不易直接通过 XML 自定义标记显示。这时可以在 XML 文档中直接使用 HTML 标记。

要在 XML 文档中使用 HTML 标记，需要在 XML 文档的根元素中声明 HTML 的名称空间，例如：

```
<books xmlns:HTML="http://www.w3.org/Profiles/XHTML-transitional">
```

2．在 XML 文档中实现表格

在 XML 中使用 HTML 标记创建表格的方法如下：

```
<?xml version="1.0" encoding="GB2312"?>
<books xmlns:HTML="http://www.w3.org/Profiles/XHTML-transitional">
<book>
<HTML:TABLE border="1.0" align="center">
    <HTML:TR>
         <HTML:TD>XML 技术精粹</HTML:TD>
         <HTML:TD>胡海静,王育平</HTML:TD>
         <HTML:TD>机械工业出版社</HTML:TD>
    </HTML:TR>
</HTML:TABLE>
</book>
</books>
```

3．在 XML 文档中使用超链接

在 XML 中使用 HTML 标记插入超链接的方法如下：

```
<?xml version="1.0" encoding="GB2312"?>
<books xmlns:HTML="http://www.w3.org/Profiles/XHTML-transitional">
    <book>
       <bookname>XML 技术精粹</bookname>
       <author>胡海静,王育平</author>
      <press>
       <HTML:a href=" http://www.cmpbook.com/ ">机械工业出版社</HTML:a>
      </press>
    </book>
</books>
```

4．在 XML 文档中显示图形

在 XML 中使用 HTML 标记显示图片的方法如下：

```
<?xml version="1.0" encoding="GB2312"?>
<books xmlns:HTML="http://www.w3.org/Profiles/XHTML-transitional">
    <book>
       <bookname>XML 技术精粹</bookname>
       <author>胡海静,王育平</author>
       <press>
          <HTML:a href=" http://www.cmpbook.com/ ">机械工业出版社</HTML:a>
       </press>
       <bookpic><HTML:img src="pic/1.jpg" /></bookpic>
```

```
    </book>
</books>
```

为了能够显示教材封面图片，需要对 XML 文档进行必要的修改，修改后的 XML 文档如下：

```
<?xml version="1.0" encoding="GB2312"?>
<books xmlns:HTML="http://www.w3.org/Profiles/XHTML-transitional">
<book ISBN="978-7-5308-4474-8">
    <frontcover><HTML:img src="pic/book1.jpg"/></frontcover>
    <bookname>SQL Server 2000 数据库技术及应用</bookname>
    <author>王亚楠  张志平</author>
    <press>天津科学技术出版社</press>
    <editioned>2008 年 2 月第 1 版</editioned>
    <introduction>本书根据…</introduction>
    <price>32.00</price>
    <storage>100</storage>
</book>
<book ISBN="978-7-5618-2646-1">
    <frontcover><HTML:img src="pic/book2.jpg"/></frontcover>
    <bookname>动态网页制作实例教程</bookname>
    <author>丁桂芝</author>
    <press>天津大学出版社</press>
    <editioned>2008 年 4 月第 1 版</editioned>
    <introduction>能够将多种工具…</introduction>
    <price>41.00</price>
    <storage>80</storage>
</book>
</books>
```

任务 2　确定每个元素显示的机制

为了按照问题陈述中要求的显示样式来显示 XML 文档中的信息，需要使用 CSS 为其中的每个标记定义显示样式。

1．CSS 基本语法结构

（1）样式表、样式表规则、样式表文件

【例 4.1】 一个简单的样式表

```
title{font-size:15pt;font-weight:bold;color:blue;display:block;margin-bottom:5pt; text-align:center}
book{display:block; margin-top:12pt; font-size:10pt}
```

```
bookname{font-style:italic}
author{font-weight:bold}
```

例 4.1 就是一个简单的 CSS 样式表，它是一组样式表规则。在例子中，每一行就是一个样式表规则。每个样式表规则由一个选择器和一组“属性：属性值”组成。

CSS 样式表可以“属性：属性值”、一组“属性：属性值”和独立文件三种形式出现，在 XML 文档的显示中，样式表一般以独立文件的形式出现，即以样式表文件的形式出现。样式表文件的扩展名为“.css”，例如“教材信息 1.css”。样式表文件的内容就是一组样式表规则。

有的书籍中把样式表规则简单地称为样式表，在本书中为了避免混淆，一律使用样式表规则。

从例 4.1 中可以观察到，样式表规则的一般格式如下：

```
选择器{属性 1：属性值 1；属性 2：属性值 2；……}
```

选择器：用来选择 XML 文档中一个或一组元素，并用规则来显示它们。在例 4.1 中，title 是第一个样式表规则中的选择器，该选择器用来选择 XML 文档中的所有名为 title 的元素。

属性：属性值。它用来定义选择器所选择元素的具体显示格式。属性与属性值之间要用冒号分隔（:），多个“属性：属性值”之间必须用分号（;）分隔。多个“属性：属性值”要用大括弧（{}）括起来。在例 4.1 中，第一条样式规则中的第一个“属性：属性值”为“font-size:15pt”，在该样式表规则中用来表示名称为 title 的元素文本显示大小为 15 磅。

（2）选择器的形式

选择器用来选择 XML 文档中的一个或一组元素，除了例 4.1 中的单个元素名称的形式外，它可以有其他多种形式。选择器的形式、它所选择的元素及举例如表 4-1 所示。

表 4-1　选择器的常见形式

序　号	选择器的形式	举　例	它所选择的元素
1	选择器为元素名	bookname{color:red}	所有 bookname 元素
2	星号	*{color:red}	所有的元素
3	元素名 1 元素名 2	book price{color:red}	所有父元素为 book 的 price 元素
4	元素名 1，元素名 2，……	press,price{color:red}	所有 press、price 元素
5	元素名 1>元素名 2	book>storage{color:red}	所有作为元素 1 的直接子元素的元素 2
6	元素 1:firset-child	bookinfo:firset-child{color:red}	bookinfo 的第一个子元素
7	元素名 1+元素名 2	bookname+author{color:red}	所有紧跟 bookname 元素的 author 元素
8	元素名 1[属性名 1]	a[href]{color:red}	所有具有 href 属性的 a 元素
9	元素名 1[属性名 1=值 1]	a[href=www.w3.org]{color:red}	所有 href 取值为 www.w3.org 的 a 元素
10	元素名 1[属性名 1~=值 1]	a[href~=w3]{color:red}	所有 href 属性值中包含 w3 的 a 元素
11	元素名 1#ID 值 1	book#1{color}	所有具有 ID 属性，且其值为 1 的 book 元素

2．CSS 的常用属性

XML 文档中的元素以何种样式显示或呈现是由 CSS 的属性及其值决定的，所以学习并掌握 CSS 的常用属性及其用法是本章学习的重点。下面将根据 CSS 属性所控制的样式来分类介绍 CSS 的常用属性。

在这里要特别提示的是，CSS 的属性非常多，没有必要要求自己记住所有的属性，但必须要知道有哪些 CSS 属性，并要知道什么样的显示样式或效果可以用何种 CSS 属性来控制。

（1）字体属性

字体属性主要包括文字的字体、大小、颜色、显示效果等基本样式，下面是各种字体属性的详细介绍。

1）font-family：该属性用于设置字体系列，可以设定多个字体系列，每个字体系列之间用逗号隔开，当遇到不能用第一种字体显示的文字时，浏览器会自动用系列中的第二种字体或后面的字体显示。

2）font-size：该属性用于定义文字的大小，可以使用数字和度量单位来设置字体的大小，也可以使用一个相对的字体大小，还可以使用绝对的大小标记符。

绝对大小的设置可以为 xx-small、x-small、small、medium、large、x-large、xx-large，xx-small 为最小取值、xx-large 为最大取值。

相对大小的设置可以为 larger 或 smaller，表示比当前字体的原始大小大一个级别或小一个级别。

使用数字和度量单位来设置字体的大小时，其中的单位分绝对单位和相对单位。绝对单位有如下几种。

px：显示器的像素个数。

mm、cm、in：分别表示毫米、厘米、英寸，使用这类单位，字体大小不随显示器的分辨率而改变。

pt：磅，1 磅=1/72 英寸，这也是 Windows 系统定义的字体大小单位。

pc：帕，1 帕=12 磅。

相对单位有如下几种。

em：当前字体的原始大小的比例值，例如，{font-size：2em}是指字体的原始大小的 2 倍。

ex：字母“x”的高度，即使设置的是同一种字体的大小，不同的字母显示的大小也会不同，如字母“x”和字母“y”的高度就不一样，字母“x”的大小一般为设置字体大小的一半。

%：当前字体的原始大小的百分比，例如，{font-size：300%}是指字体原始大小的 3 倍。

3）font-style：该属性用于定义字体样式为 Normal、Italic 或 Oblique。Italic 是使用斜体将正常的文字倾斜，对于没有斜体的字体倾斜显示时应该用 Oblique。

4）text-decoration：该属性用于在文本中添加 underline（下划线）、overline（上划线）、line-through（中划线）、blink（闪烁效果），这些设置可以同时存在，中间用空格隔开。

5）font-weight：该属性用于指定粗体字的磅值，normal 等同于 400；bold 等同于 700，设置粗体字一般用 bold。该属性允许的取值有 normal、blod、ligher、100、200、300、400、500、600、700、800、900。

6）font-variant：该属性设置为 small-caps（小型大写字母）时，此样式区域内的所有字母用大写显示，默认设置是 normal（普通）。

7）text-transform：该属性可以将样式区域内的每个单词的第一个字母转换为大写，或者将所有的字母全部大写或全部小写。该属性允许的取值：capitalize（单词首字母大写）、

uppercase（所有字母转换成大写）、lowercase（所有字母转换成小写）、none（不转换）。

8）color：该属性定义了文本的颜色，有以下三种表示方法。

#RRGGBB 格式：是红绿蓝三种颜色值的一种组合形式，其中 RR、GG、BB 分别代表红绿蓝三种颜色的取值，每种颜色值为 00～FF 之间的两位十六进制整数。例如，#FF0000 表示红色，#FFFF00 表示黄色。

RGB（R，G，B）格式：是红绿蓝三种颜色值的另外一种组合形式，其中 R、G、B 分别代表红绿蓝三种颜色的取值，每种颜色值为 0～255 之间的一个整数。例如，RGB（255，0，0）表示红色，RGB（255，255，0）表示黄色。

CSS 内定的颜色名称：例如，red 表示红色，yellow 表示黄色。

9）font：该属性可将各种字体属性放在一起定义，从而实现对各种字体属性设置的略写。例如，P{font：italic blod 12pt Times，serif}

指定段落标签〈p〉中的文字为 Times 或 serif，显示为 blod（粗体）加 italic（斜体），大小为 12 个点。

【例 4.2】字体样式举例：将书名以红色、楷体、粗体、12 磅大小、加下划线显示。

```
bookname {
color:#FF0000;
font-size:12pt;
font-weight:bold;
font-family: "楷体_GB2312";
text-decoration: underline;
}
```

（2）背景属性

背景属性包括背景颜色、背景图像以及背景图像的控制。

background-color：设置元素的背景色，这个属性除了可以被设置成颜色值外，还可以设置成 transparent，表示透明的背景色。

【例 4.3】将书的作者以反白显示。

```
author{color:#ffffff; background-color:#000000;}
```

1）background-image：设置元素的背景图像，这个属性值是一个 URL 类型，在 CSS 中指定一个 URL 值必须将其放在 url( )之中，如 url（http://www.it315.org/photo.gif），在 url( )中的 URL 地址可以是一个相对地址，URL 地址也可以用单引号（' '）或者（" "）括起来，例如：

body{background-image:url ('http://www.it315.org/photo.gif')}

2）background-repeat：确定背景图像是否以及如何重复，这个属性的取值可以是 no-repeat（背景图像只在元素的显示区域中出现一遍），repeat（在水平和垂直方向上重复平铺背景图像），repeat-x 和 repeat-y（分别在水平和垂直方向重复平铺背景图像）。

3）background-attachment：确定背景图像是否跟内容的移动而移动，设置值为 fixed 时，表示固定背景图像；为 scroll 时，表示图像跟随内容的移动而移动。

4）background-position：指定背景图像的水平位置和垂直位置。水平位置的取值可以是 left（左边）、center（居中）、right（右边），也可以是数值，例如，20px 是指背景距离元素左边界 20 像素。垂直位置的取值可以是 top（顶部）、center（居中）、bottom（底部），也可以是一个数值。设置这个属性时，可以同时指定水平和垂直位置，例如：

```
{background-position：bottom right}
```

5）background：将各种背景属性放在一起定义，用作对各种背景属性设置的略写。例如：

```
TABLE{backgroud：#00cc00 url（logo.jpg）no-repeat bottom right}
```

【例 4.4】为书的显示区域加上背景图片。

```
book {
background-image: url(images/bj.gif);
background-repeat: repeat;
}
```

也可以直接写成如下形式：

```
book{ background: url(images/bj.gif)   repeat;}
```

（3）文本属性

文本属性包括文字间距、对齐方式、上标、下标、排列方式、首行缩进等。

1）word-spacing：设置单词之间的间距，设置值可以是前面讲过的字体大小的单位。

2）letter-spacing：设置字符之间的间距，设置值可以是前面讲过的字体大小的单位。

3）vertical-align：指定文本的垂直对齐方式，取值可以为 sub（下标）、super（上标）、top（与顶端对齐）、middle（居中）、bottom（与底端对齐）、baseline（与基线对齐）。

4）text-align：设置文本的水平对齐方式，取值可以为 left（左对齐）、right（右对齐）、center（居中）、justify（两端对齐）。

5）white-space：设置如何处理元素内的空白符，有三种取值，其中 normal 会将空白符全部压缩，将多个空格折叠成一个；pre，则会同处理〈pre〉标签内的文本一样处理这些空白符（也就是说，所有的空白符，包括空格、Tab 制表符、回车等都会得以保留）；nowrap 指定文本只有遇到〈br〉标签时才换行。

6）line-height：设置文本所在行的行高，该属性值可以是一个精确的数值后跟一个单位，也可以是百分比，例如，140%是指行高等于文字大小的 1.4 倍。

【例 4.5】给作者增加文本属性样式：居中对齐、两倍行高。

```
author{
color:#ffffff;
background-color:#000000;
line-height:200%;
text-align: center;
}
```

（4）位置属性

位置属性就是指定元素的位置，它是 CSS-P（Cascading Style Sheets Positioning）中的内容，CSS-P 是 CSS 的一个扩展，它可用控制任何网页元素在浏览器文档窗口中的位置。定位是很有用的 CSS 属性，主要有下面一些属性。

1）position：设定对象的定位方式，有三种取值，即 absolute（绝对定位）、relative（相对定位）和 static（无特殊定位）。绝对定位能精确地定位元素在页面的独立位置，而不考虑页面上的其他元素的定位设置。相对定位所设定的位置是相对于元素通常应在的位置的偏移量。绝对定位能精确定位元素在页面的独立位置，而不考虑页面上的其他元素的定位设置。相对定位所设定的位置值是相对于元素通常应在的位置的偏移量。static 是 position 的默认值，它使用 HTML 中通常的定位方法，不用专门设置元素的位置值。

2）left：设置元素左边的水平位置。

3）top：设置元素顶部的垂直位置。

4）width：设置元素显示的宽度。

5）height：设置元素显示的高度。

6）z-index：使用定位后，网页的同一块区域上就可能放置多个元素，这就是元素的堆叠，z-index 属性用于设置这些发生堆叠的各元素的层叠顺序。该属性值可以是正值，也可以是负值的整数，z-index 属性设置为负值的元素显示在没有设置 z-index 属性的元素的下面，z-index 属性值较大的元素在 z-index 属性值较小的元素上面。默认情况下，各元素堆叠的顺序为它们在 HTML 文档中出现的顺序，也就是说，后出现的元素堆叠在早出现的元素上面。当定位多个元素发生堆叠时，可以使用 z-index 来设定哪一个元素应出现在最上层。

➘【例 4.6】指定书相对于浏览器窗口左边 100 像素显示，并指定其显示的宽度和高度分别为 400 像素和 200 像素。

```
book {
position: relative;
left: 100px;
width:400px;
height:200px;
}
```

（5）布局属性

布局属性用于指定元素在网页中如何放置，主要有下面一些属性。

1）visibility：设定元素的可见状态，有三种取值，即 inherit（继承父层属性）、visible（显示在网页中）、hidden（隐藏元素）。

2）display：设定元素的显示状态，有四种取值，即 block（在元素的前和后都会有换行）、inline（在元素的前和后都不会有换行）、list-item（与 block 相同，但增加了目录列表项标记）和 none（不显示元素）。

3）clip：定义使用绝对定位的元素的可视区域（此属性不能用于使用相对定位的元素），只显示元素的一部分作透明处理，区域外的部分为不可视区，即剪辑显示给用户的区域。该属性值为一个 rect（矩形），矩形的坐标值放在 rect( )之中，例如：

```
clip: rect（top，right，bottom，left）
```

其中，top、right、bottom 和 left 分别是矩形剪辑框的上边、右边、下边和左边相对于被剪辑元素左上面的位置。top、right、bottom 和 left 的值可以任意绝对或相对长度值（但不能为百分值），或者是关键字 auto。如果没有在 rect( )中对 top、right、bottom 和 left 等 4 个部分全部自动被分配 auto 值，即未赋值的边界不被剪辑。

4）overflow：设置如果元素中的内容超出了元素的大小时如何处理。设置元素的 width 和 height 属性后，很可能会因为指定的区域不能满足元素实际内容的需要，而造成元素中的内容溢出，这时可设置 overflow 属性来指定浏览器如何处理溢出。overflow 属性共有 4 个设置值，即 visible，增加元素的显示空间的大小，从而将元素中的所有内容显示出来；hidden，保持元素的显示大小不变，裁剪掉（不显示）超出显示空间的内容；scroll，总是显示滚动条；auto，只有在内容超出元素的显示大小时才显示滚动条。

5）float：定义网页中其他文本如何环绕该元素，left 表示文本浮在这个元素的左边；right 表示文本浮在这个元素的右边；none 表示这个元素两边不允许有文本。

6）clear：控制是否允许其他对象漂浮在该元素的旁边，读者可以理解成如何清除该元素旁边的其他漂浮对象。left 表示不允许左边有浮动对象，元素会移动到在其左边的漂浮对象的上面显示，none 表示允许两边有浮动对象；both 不允许有浮动对象。

page-break-before：设置打印该元素前是否强制分页，设置为 always 时，强制分页。

page-break-after：设置打印该元素后是否强制分页，设置为 always 时，强制分页。

【例 4.7】指定书的相关信息均单独成行显示，并且不显示书的版本和介绍信息。其中书的封面图片显示在左边，其他信息则显示在图片的右边。对于内容超过了 200 像素的高度则强制显示。

```
* {display:block;}        /*此行要放在样式表的第 1 行*/
frontcover { float:left;height:200; }        /*注意：图片的高度要足够高，否则会出现超过图片高度的行显示在图片的底部*/
  overflow: visible;
introduction,editioned { display:none;}
```

（6）边缘属性

边缘属性包括元素的矩形区域的特性。由于矩形区域的 top（上边框）、left（左边框）4 个边框都可以设置单独的属性值，所以边缘属性很多，但从特性上来讲，主要有以下几类：margin、padding、border-width、border-color、border-style。

1）margin 类属性用于设置元素边界与其他元素之间的空隙大小，可以使用定义字体大小的那些单位。

margin-top：设置元素的上边界与其他元素之间的空隙大小。

margin-right：设置元素的右边界与其他元素的空隙大小。

margin-bottom：设置元素的下边界与其他元素的空隙大小。

margin-left：设置元素的左边界与其他元素的空隙大小。

margin：用作对上面属性的略写，可以给出从一到四个值。如果四个值都给出了，他们分别被应用于上、右、下和左边界。如果只给出一个值，它被应用于所有边界。如果两个或三个值给出了，省略了的值与对边相等。

2）padding 类属性用于设置元素边界与内容之间的空隙大小，可以使用定义字体大小的那些单位。

padding-top：设置元素的上边界与内部内容之间的空隙大小。

padding-right：设置元素的右边界与内部内容之间的空隙大小。

padding-left：设置元素的左边界与内部内容之间的空隙大小。

padding-bottow：设置元素的下边界与内部内容之间的空隙大小。

padding：用作对上面四个属性的略写，可以给出从一到四个值。如果四个值都给出了，它们分别被应用于上、右、下和左边界。如果只给出一个值，它被应用于所有边界。如果两个或三个值给出了，省略了的值与对边相等。

3）border-width 类属性用于设置元素边框的宽度。可以使用 thin（细）、medium（中）、thick（粗）三个值中的一个或自定义数值。

border-top-width：用于指定元素上边框的宽度。

border-right-width：用于指定元素右边框的宽度。

border-bottom-width：用于指定元素下边框的宽度。

border-left-width：用于指定元素左边框的宽度。

border-width：用作对上面四个属性的略写，可以给出从一到四个值。如果四个值都给出了，它们分别被应用于上、右、下和左边框。如果只给出一个值，它被应用于所有边框。如果两个或三个值给出了，省略了的值与对边相等。

4）border-color 类属性用于设置元素边框的颜色。可以通过设置不同的边框颜色，做出亮边和暗边的立体显示效果。

border-top-color：用于指定元素上边框的颜色。

border-right-color：用于指定元素右边框的颜色。

border-bottom-color：用于指定元素下边框的颜色。

border-left-color：用于指定元素左边框的颜色。

border-color：用作对上面四个属性的略写，可以给出从一到四个值。如果四个值都给出了，它们分别被应用于上、右、下和左边框，如果只给一个值，它被应用于所有的边框，如果两个或三个值给出了，省略了的值与对边相等。

5）border-style 类属性用于设置元素边框的样式。可以设置为 none（无边框）、dotted（点线）、dashed（虚线）、solid（实线）、double（双线）、groove（凹槽）、ridge（凸槽）、inset（凹边）、outset（凸边）等值。

border-top-style：用于指定元素上边框的样式。

border-right-style：用于指定元素右边框的样式。

border-bottom-style：用于指定元素下边框的样式。

border-left-style：用于指定元素左边框的样式。

border-style：用作对上面四个属性的略写，可以给出从一到四个值，如果四个值都给出了，它们分别用于上、右、下和左边框。如果只给出了一个值，它被应用于所有边框，如果两个或三个值被给出了，省略了的值与对边相等。

在上面的属性讲解中，读者看到了可以将四个边框的属性按照特性进行略写的情况。除此之外，还可以将不同特性的属性按照边框的位置来进行分类和略写。

border-top：用于设置一个元素上边框的宽度、式样和颜色略写。

border-right：用于设置一个元素右边框的宽度、式样和颜色略写。

border-bottom：用于设置一个元素下边框的宽度、式样和颜色略写。

border-left：用于设置一个元素左边框的宽度、式样和颜色略写。

border：用于设置一个元素所有边框的宽度、式样和颜色的略写。在 boder 属性中，只有设置一组的宽度、式样和颜色值，这组设置对所有边框起作用，为了对一个元素的四个边框进行不同的设置，必须使用上面讲解的其他属性。下面是应用 border 属性的例子，语句如下：

```
A：active{border：thick    double    red }
```

【例 4.8】为书加上蓝色的 1 像素宽边框，并使得封面图片距离左边的文本 5 像素远；书与书之间的垂直距离为 10 像素。

```
book {
border:1px solid blue;
margin-bottom:10px;
}
frontcover { margin-right:5px;}
```

最后得到的效果如图 4-1 所示。

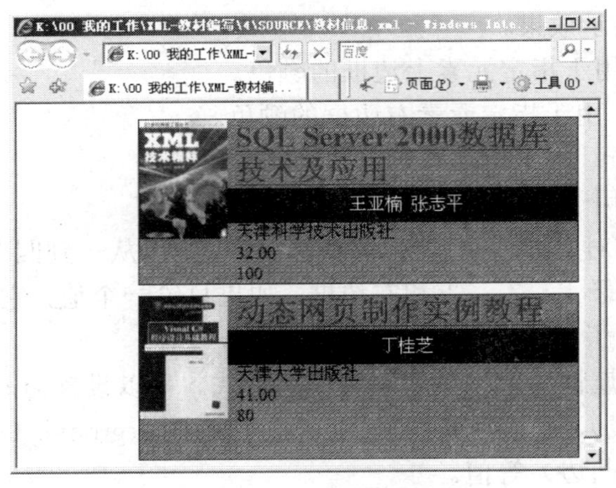

图 4-1　添加样式后的效果

（7）列表属性

列表属性用于设置列表项标记的类型、列表项图片和位置，以提供更丰富灵活的列表显示。

1）list-style-type：该属性指定目录列表项标记的样式类型，当下面的 list-style-image 属性值为 none 或当图像载入选项被关闭时使用。可以设置的样式有 disc（实心圆）、circle（空圆心）、square（方块）、decimal（阿拉伯数字）、lower-roman（小写罗马数字）、upper-roman（大写罗马字母）、lower-alpha（小写英文字母）、upper-alpha（大写英文字母）、none（无项目符号）。

2）list-style-image：设置用于目录列表项标记的图像，这个属性值是一个 URL 类型，对应图像的 URL 地址，当图像载入选项打开时，list-style-image 属性指定的图像替代 list-style-position 属性指定的标记样式而显示在每个列表项的前面。

3）list-style-position：设置列表项标记是在文本内还是在文本外。可以取值 inside（内部）或 outside（外部），其中 outside 是默认值，这个属性决定列表项前面的标记应放在哪里，如果使用 inside 值，标记相当于文本的一部分，可以把它想象成文本中的普通字符。文本中换行后的内容会移到标记下，也就是与标记对齐显示，而不是缩进。对比下面 inside 与 outside 显示效果的差异，就能立即明白 list-style-position 的作用。

CSS 中的属性不仅限于本书中讲解的这些，要想了解更多的 CSS 属性的读者，可以参考相关的资料或网站。

3．确定 XML 文档中元素的显示样式

（1）隐藏不需要显示的元素

根据问题陈述，教材信息 XML 文档中并不是显示所有信息，而是仅显示教材名称、作者、出版社、单价、库存量，教材简解和版次信息并不显示，利用 CSS 中的 display 属性就可以将 XML 文档中不需要显示的元素隐藏起来。具体的样式如下：

```
introduction,editioned { display:none;}
```

（2）实现每个元素占一行

在问题陈述中，教材名称、作者、出版社、单价、库存量等元素要求每个元素显示为一行，可以将所有这些元素的 display 属性设置为 block。可以在样式表的最前面插入如下样式规则：

```
* {display:block;}
```

（3）实现教材封面显示在左边

按照问题陈述的要求，教材封面图片要显示在左边。利用 CSS 布局属性中的 float 属性可以实现该要求，即将封面图片元素的 float 属性设置为 left 即可。如下所示：

```
frontcover { float:left}
```

（4）教材名称样式定义

根据要求，教材名称必须以蓝色、14 磅大小的字体来显示，并且应该以粗体显示。根据前面介绍的 CSS 字体属性和文本属性，定义教材名称元素的样式规则如下：

```
bookname { color:blue;font-size:14pt;font-weight:bold;}
```

其中，color:blue 定义其显示颜色为蓝色；font-size:14pt 定义其字体大小为 14 磅；font-weight:bold 定义字体样式为粗体显示。

（5）使每条教材记录整齐地显示

每条教材信息显示得整齐有序，为每条教材信息的显示指定宽度和高度，并定义其中的文本均左对齐显示。样式规则定义如下：

```
book { width:400px; height:150px; text-align:left;}
```

其中，“width:400px; height:150px;”表示每条教材信息的显示宽度为 400px，高度为 150px；而“text-align:left;”表示教材中的各个元素左对齐显示。

根据问题陈述的要求，书写 XML 文档的 CSS 样式表：

```
* {display:block;}
book { width:400px; height:150px; text-align:left;}
frontcover { float:left;}
bookname { color:blue;font-size:14pt;font-weight:bold;}
introduction,editioned { display:none;}
```

任务 3　创建 CSS 文件

CSS 文件也是一个文本文件，利用任何一个文本文件创建工具均可以创建 CSS 文件。为了简单起见，可以直接在记事本中新建一个文本文件。将任务 2 中的 CSS 样式表复制并粘贴到该文件中。在保存文件时，在保存类型下拉列表框中选择“所有文件”，在文件名中输入样式表文件的名字“教材信息.css”。

任务 4　将 CSS 应用于 XML 文档

XML 文档有利于数据的组织与存储，但无法对文档中数据的显示进行控制，CSS 正是用来对 XML 文档的显示样式进行控制的，XML 文档与 CSS 文档必须结合才有意义。

将 CSS 与 XML 文档结合的方法可以归纳为四种，即外部 CSS 文档法、直接嵌套法、混合方式法和多个外部样式表文件法。

1．使用外部 CSS 文档

将 CSS 样式表独立地存储为一个扩展名为.css 的样式表文件是 CSS 与 XML 文档结合的最常用的方法，这样有利于 XML 文档与显示的维护，只需要改变 CSS 文档就可以改变 XML 文档的显示外观，做到了数据存储与显示的完全分离。前面的所有例中都使用了这种结合方法，即在 XML 文档的 XML 声明语句后加上一个特定的处理指令，例如在“教材信息.xml”文档的第 1 行之后，插入如下语句：

```
<?xml-stylesheet type="text/css" href="教材信息.css" ?>
```

这样就可以将“教材信息.XML”与“教材信息.css”结合起来，这个指令的作用是告诉浏览器，将当前 XML 文档（教材信息.xml）中的数据按照样式表文档（教材信息.css）中所规定的显示样式进行显示。其中：

1）type 指明了样式文件的类型，如果使用 CSS，则其值一定要使用“text/css”作为该属性值；

2）href 指明了 CSS 文档的位置，可以使用相对路径，也可以使用绝对路径；

2．直接嵌套

直接嵌套法又称为内部 CSS，即把 CSS 样式表直接编写在 XML 文档的内部。

在 XML 文档内部嵌入 CSS 样式表需要引用 HTML 的 style 标签来定义内部 CSS 样式

表，即<html:style>。

然后把 CSS 的内容，即 CSS 样式表规则包括在<html:style></html:style>标签的内部。

若要将“教材信息.css”样式表直接嵌套在“教材信息.xml”文档中，可以对“教材信息.xml”文档进行修改，修改后的程序如下。

```
<?xml version="1.0" encoding="GB2312"?>
<?xml-stylesheet type="text/css"?>
<books xmlns:HTML="http://www.w3.org/Profiles/XHTML-transitional">
<HTML:style>
    * {display:block;}
{ width:400px; height:150px; text-align:left;}
{ float:left;}
{ color:blue;font-size:14pt;font-weight:bold;}
,editioned { display:none;}
</HTML:style>
<book ISBN="978-7-5308-4474-8">
    <frontcover><HTML:img src="pic/book1.jpg"/></frontcover>
    <bookname>SQL Server 2000 数据库技术及应用</bookname>
    <author>王亚楠 张志平</author>
    <press>天津科学技术出版社</press>
    <editioned>2008 年 2 月第 1 版</editioned>
    <introduction>本书根据…</introduction>
    <price>32.00</price>
    <storage>100</storage>
</book>
<book ISBN="978-7-5618-2646-1">
    <frontcover><HTML:img src="pic/book2.jpg"/></frontcover>
    <bookname>动态网页制作实例教程</bookname>
    <author>丁桂芝</author>
    <press>天津大学出版社</press>
    <editioned>2008 年 4 月第 1 版</editioned>
    <introduction>能够将多种工具…</introduction>
    <price>41.00</price>
    <storage>80</storage>
</book>
</books>
```

3．混合方式

混合方式法是前面两种方法的结合，一部分样式被创建为一个独立的外部 CSS 文档，另一部分样式表则嵌套在 XML 文档内部，操作的方法与前面介绍的方式是完全相同的。

4．多个样式表文件

多个样式表文件即一个 XML 文档同时与多个外部样式表文件结合。每个<?xml-stylesheet>处理指令只能与一个外部样式表文档结合，要结合多个外部样式表文件，则需要在 XML 文档中编写多条处理指令。例如：

```
<?xml version="1.0"?>
<?xml-stylesheet type="text/css" href="1.css"?>
<?xml-stylesheet type="text/css" href="2.css"?>
```

任务 5　在浏览器中查看 XML 文档

将 CSS 与 XML 文档结合后，在浏览器中直接打开 XML 文档即可。在浏览器中查看“教材信息.xml”文档的效果如图 4-2 所示。

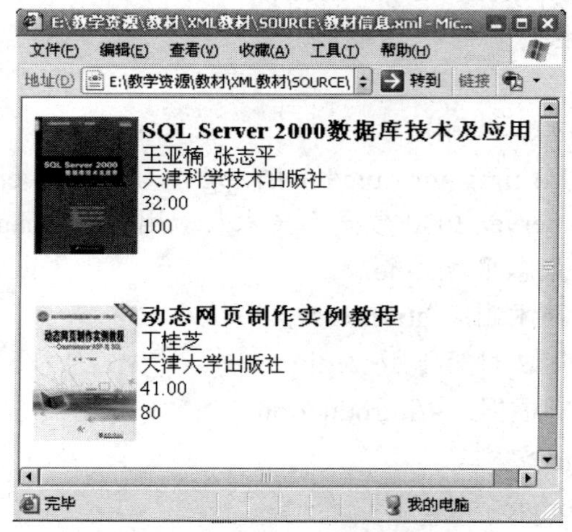

图 4-2　在浏览器中查看 XML 文档

4.3　该你动手了

问题陈述：在教材管理系统中，要显示班级信息，每个班级信息显示在一行中，班级信息包括班号、班级名称、班级人数、所属专业编号、所属系部编号，每个内容均以 14 磅大小的字显示，班号、班级名称必须以红色显示，其他均用蓝色显示。设计相应的 CSS，并将该 CSS 文件应用于 XML 文档，然后在浏览器中查看该文档。

4.4　小结

本章通过创建 CSS 样式表来显示教材信息的实际工作过程，循序渐进地介绍了 CSS 样式表的基本语法、CSS 的常用属性、CSS 与 XML 文档的结合方式以及如何在 XML 中使用 HTML 标记。

4.5　习题

一、选择题

1．CSS 指的是______。

A．Computer Style Sheets　　B．Cascading Style Sheets

C．Creative Style Sheets　　D．Colorful Style Sheets

2．下列______不是 CSS 的优点。

A．独立性　　B．准确性　　C．可重用性　　D．标准性

3．下列______的 CSS 语法是正确的。

A．body:color=black　　B．{body:color=black(body}

C．body {color: black}　　D．{body;color:black}

4．______属性可用来改变背景颜色。

A．bgcolor:　　B．color:　　C．background-color:

二、填空题

1．样式表规则的一般格式为________________________________。

2．要在 XML 文档中使用 HTML 标记，需要在 XML 文档的根元素中声明 HTML 的名称空间，例如：<books __________="http://www.w3.org/Profiles/XHTML-transitional">。

3．将 CSS 应用于 XML 文档的方式有____________、____________、____________和多个样式表文件等四种。

三、思考题

1．简述 CSS 的优点。

2．CSS 的主要功能是什么？

第 5 章　使用 XSL 显示 XML 页面

本章将介绍以下内容：

1. XSL 的相关语法
2. 创建 XSL 的方法
3. 使用 XSL 显示 XML 页面的方法

5.1　XSL 简介

上一章介绍了利用 CSS 显示 XML 文档的方法，但在 CSS 中有一个缺点，CSS 没有办法使 XML 文档中的同一个数据在页面上多次显示，这是由 CSS 实现机理所导致的。CSS 显示机理是依次扫描 XML 文档的结构树，碰上什么标记就给该标记添加什么样式。表面上 CSS 的功能十分强大，但对于一些十分专业的内容，CSS 的功能还是远远不够的，例如对 XML 标记中的属性值就无法进行显示控制。

XSL（Extensible Stylesheet Language，可扩展的样式表语言）是为了格式化 XML 页面而发展起来的一种标记语言，较 CSS 技术有许多优点。这不但体现在它可以实现一条数据的多次呈现，而且还提供了很强大的数据定位能力，可利用 XPath 从 XML 文档中提取出具有某种特征的数据，除此之外还有循环、条件、选择等语言控制能力。从这方面来讲，XSL 较 CSS 有了本质的改变，更接近于一种程序设计语言。在功能方面，XSL 完全覆盖了 CSS 的功能，即 XSL 能做到 CSS 所能够做出的一切。而且，XSL 是一个 XML 文档，因此可以被脚本通过一些接口（DSO，DOM）技术来调用，从而实现对于样式的动态控制，在这方面远非 CSS 所能及。

XSL 是 W3C 推荐的一种标准，它由以下三部分组成。

1）XSLT：用于将 XML 文档转换成其他类型文档或其他 XML 文档的语言。

2）XPath：XSLT 使用 XPath 语言来对 XML 文档中的具体部分进行访问和引用。

3）XSL-FO：XSL 格式化对象，是一种定义 XML 显示方式的语言。

XSL 语言的前两部分在 1999 年 11 月已经成为 W3C 推荐标准。2000 年，包括 XSL-FO 的完整 XSL 推荐标准成为 W3C 的候选标准，并且于 2001 年 10 月正式成为 W3C 的推荐标准 XSL1.0 版本，2006 年 2 月又推出了候选标准的 XSL1.1 版本，本章主要讨论 XSL1.0 版本。目前对于 XSL-FO 还没有单独的 W3C 文档，但是在 XSL1.0 推荐标准内包含了对 XSL-FO 的描述。目前在浏览器方面，IE6.0 可以实现对 XSL 的完全支持。

XSLT（XSL Transformations）是 XSL 标准中最重要的部分，它用于将一个 XML 文档转换成另一个 XML 文档或另一种类型的文档，也就是将一个 XML 文档转换成浏览器所能识别的一种格式，这其中之一就是 HTML。通常，XSLT 将每个 XML 元素都转换成一个 HTML 元素。XSLT 还可以向输出文件增加全新的元素，或去掉一些元素。它可以重新安排这些元素，测试并确定显示哪些元素等。这种转换的过程就是 XSL 用 XSLT 将一个 XML 源文档转换成另一个 XML 结果文档，通常称结果文档为结果树。

在转换的过程中，XSLT 用 XPath 来定义源文档中与一个或多个预先确定的模板相匹配的部分。当找到了一个匹配时，XSLT 就将源文档中的匹配部分转换成结果文档；而源文档中不与任何一个模板匹配的部分最终在结果中保持不变。

本章重点介绍利用 XSL 的 XSLT 和 XPath 将 XML 文档转换为 HTML，并显示 XML 文档。

5.2 用 XSL 显示 XML

案例 1 用 XSL 格式化数据

问题陈述：在教材管理系统中，要显示教材信息，需要按照下面指定的格式显示教材详细信息：左边显示教材封面图片。右边显示 ISBN、教材名称、作者、出版社、单价、库存量，每项内容均占一行。教材名称必须以蓝色、粗体显示。版次、内容简介、类型等不显示。根据需要设计用于显示 XML 文档的 XSL。用于表示教材信息的 XML 文档的形式如下。

【例 5.1】XML 文件 5.2.1.xml。

```
<?xml version="1.0" encoding="UTF-8"?>
<所有教材>
  <教材信息 ISBN="978-7-5308-4474-8">
    <教材名称>SQL Server 2000 数据库技术及应用</教材名称>
    <作者>王亚楠 张志平</作者>
    <出版社>天津科学技术出版社</出版社>
    <版次>2008 年 2 月第 1 版</版次>
    <内容简介>本书根据...</内容简介>
    <封面>pic/book1.jpg</封面>
    <类别>规划教材</类别>
    <单价>32.00</单价>
    <库存量>100</库存量>
  </教材信息>
  <教材信息 ISBN="978-7-5618-2646-1">
    <教材名称>动态网页制作实例教程</教材名称>
    <作者>丁桂芝</作者>
    <出版社>天津大学出版社</出版社>
    <版次>2008 年 4 月第 1 版</版次>
```

```
        <内容简介>能够将多种工具...</内容简介>
        <封面>pic/book2.jpg</封面>
        <类别>规划教材</类别>
        <单价>41.00</单价>
        <库存量>80</库存量>
    </教材信息>
    <!--其他教材信息-->
</所有教材>
```

解决上述问题，需要完成以下任务。

任务 1：确定要显示的数据。

任务 2：确定格式化要显示数据的机制。

任务 3：创建 XSL 文件。

任务 4：将 XSL 文件用于 XML 文件。

任务 5：查看转换结果。

任务 1 确定要显示的数据

根据问题陈述，需要显示的数据如下。

元素：封面、教材名称、作者、出版社、单价、库存量。

属性：ISBN。

任务 2 确定格式化要显示数据的机制

1. XSLT 的工作原理

首先，必须要有一个 XSLT 处理器（目前很多软件包里都包含了 XSLT 处理器，如 IE）。XSLT 处理器扫描整个 XML 文档，将其转化为一个节点树。例 5.1 中文档对应的节点树如图 5-1 所示。

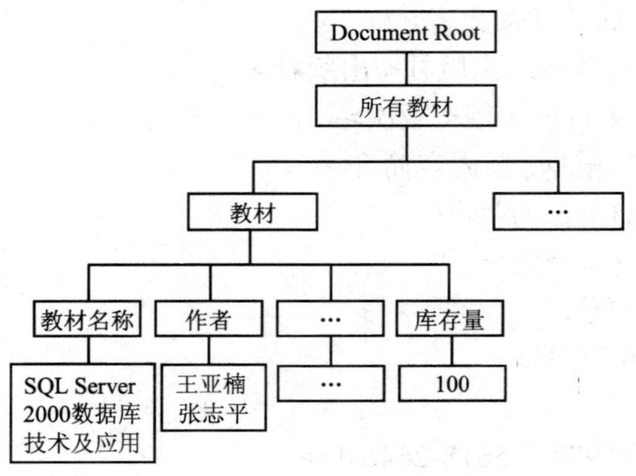

图 5-1 XML 文件与 XML 树的对照图

在将 XML 文档映射到节点树之后，XSLT 处理器使用 XSLT 样式表处理各个节点。简单地说，在 XSLT 样式表中，template（模板）规定了如何转换 XML 文档。它由两部分组成：<template>标签和内容。前者表示将该模板应用到 XML 文档的哪一个节点上，后者规定如何对 XML 文档进行转换。

最后，利用 Web 浏览器进行处理，可以把 XML 转换成 HTML，即可以按照所需的样式显示出 XML 文档的内容。

具体的转换过程将在后面进行阐述。

2．XPath

在利用 XSLT 进行转换的过程中，经常需要根据匹配模式来定位 XML 树中的节点。具体的定位方法在 XPath 中给出。

之所以要在 XSLT 中引入 XPath 的概念，目的就是为了在匹配 XML 文档节点树时能够准确地找到某一个节点元素。可以把 XPath 比作文件管理路径，通过文件管理路径，可以按照一定规则查找到所需要的文件；同样，依据 XPath 所制定的规则，也可以很方便地找到 XML 文档节点树中的任何一个节点，显然这对 XSLT 来说是一个最基本的功能。下面就 XPath 路径表示法进行说明。

（1）绝对定位与相对定位

在文件系统中，有绝对路径与相对路径的概念，对元素的定位也可以分为绝对定位与相对定位两种。

与绝对路径类似，绝对定位就是从 XML 文档的根“/”开始按照元素在文档节点树中的具体位置指定一个绝对的路径，它的参照物就是文档的根。在例 5.1 的 XML 文件中，“作者”元素的绝对定位就是：/所有教材/教材/作者，它可以解释为从文档的根开始，先寻找“所有教材”元素，接着找“所有教材”的子元素“教材”，接着找“教材”的子元素“作者”。与在文件系统中定位文件不同的一点是，文件系统的绝对路径是唯一的，不可能存在一条绝对路径，这条路径却指明了两个或者两个以上的文件。但是在 XML 文档中，这种情况是可以出现的。就如路径“/所有教材/教材/作者”，在例 5.1 文档中可以发现匹配这一定位的元素有两个，分别是“SQL Server 2000 数据库技术及应用”的作者和“动态网页制作实例教程”的作者，所以这种定位是一种匹配的方法，表示文档的根下面满足这种定位条件的匹配元素。

相对定位与文件系统的相对路径类似，相对定位从当前所处的元素开始，以当前元素为参照物，经定位的条件寻找到目标元素。例如，在例 5.1 所示的 XML 文件中，假如当前所处的元素是“所有教材”元素，则路径“教材信息/教材名称”就表示当前路径下的所有父节点为“教材信息”的“教材名称”元素，它的绝对路径是：/所有教材/教材信息/教材名称。

（2）XPath 路径运算符

表 5-1 给出了一些常用的路径运算符，示例均以例 5.1 中的 XML 文档给出，假定当前元素为<所有教材>。

表 5-1　XPath 路径运算符

路径运算符	含　义	示　例	说　明
/	子元素路径	教材信息/教材名称	匹配<教材信息>标记下的<教材名称>子标记。注意，不要与绝对路径表示法中表示根的“/”相混淆

续表

路径运算符	含　义	示　例	说　明
//	子孙元素路径	//教材名称	匹配当前节点的子孙节点中的所有<教材名称>子标记
.	当前节点	./教材信息	匹配当前节点下的<教材信息>子标记
..	父节点	..	匹配当前节点的父节点。此处表示文档的根（它为<所有教材>节点的父节点）
@	属性路径	教材信息/@ISBN	匹配<教材信息>标记下的 ISBN 属性
*	通用字符，当前节点下的所有的子元素或属性	教材信息/*	匹配<教材信息>标记下的所有子标记
		教材信息/@*	匹配<教材信息>标记的所有属性
[]	条件匹配，可在其中指定匹配元素的索引号，或指定元素或属性名确定是否有匹配的子元素或属性，也可以加上额外的测试条件	教材信息[1]	匹配当前元素下标记名为<教材信息>的第一个的元素
		教材信息[类别]	匹配包含有<类别>子标记的标记<教材信息>
		教材信息[单价>33]	匹配包含有<单价>子标记，且<单价>的内容在 33 以上的标记<教材信息>
		教材信息[@ISBN]	匹配包含有属性 ISBN 的标记<教材信息>
		教材信息[@ISBN='978-7-5618-2646-1']	匹配包含有属性 ISBN，且属性 ISBN 的值等于'978-7-5618-2646-1'的标记<教材信息>
|	多个路径的组合（具有“或”的含义）	教材信息/作者|教材信息/教材名称	匹配<教材信息>标记下的<作者>子标记或<教材名称>子标记

（3）XPath 比较运算符

在条件匹配运算中，可以利用比较运算加上额外的测试条件，其格式为：

```
[元素名称 比较运算符 '元素内容']
```

或者是：

```
[属性名称 比较运算符 '属性内容']
```

可以使用的比较运算符如下。

“=”：等于

“!=”：不等于

“<”：小于

“>”或“>”：大于

“<=”：小于等于

“>=”或“>=”：大于等于

例如，“教材信息[单价 < 40]”匹配包含<单价>子标记，且单价内容在 40 以下的标记<教材信息>中。

（4）XPath 布尔运算符

在条件匹配运算中，还可以使用布尔运算符组成较复杂的表达式。XPath 中只有两个运算符用于布尔值：and 和 or。其格式为：

```
[布尔表达式 1 and 布尔表达式 2]
[布尔表达式 1 or 布尔表达式 2]
```

对于 and 运算符，如果两个布尔表达式都为真，则结果为真；否则，结果是假。对于 or 运算符，只有两个值都是假时结果才是假。

例如，“教材信息[单价>35 and 单价<50]”匹配包含<单价>子标记，且单价内容中 35 以上 50 以下的标记<教材信息>。

（5）XPath 常用函数

在 XPath 中，有时会利用一些函数完成较复杂的任务，这里介绍一些常用的函数。

1）position()函数：返回节点的具体位置值。例如：“//教材信息[position() >=2 and position() <= 3]”匹配索引号大于等于 2 且小于等于 3 的标记<教材信息>。

2）last()函数：返回最后一个节点的序号。例如：“//教材信息[last()]”匹配最后一个<教材信息>标记。

3）substring()函数：其格式为 substring(string,number1,number2)，返回字符串 string 中从 number1 开始的，长度为 number2 的子串。例如：“//教材信息[教材名称[substring(.,1,3)='计算机']]”匹配包含<教材名称>子标记，且<教材名称>子标记的前三个字符为“计算机”的标记<教材信息>。

3．XSLT 文档结构

一个 XSLT 文档，其结构形式如下：

```
<?xml version="1.0" encoding="UTF-8"?>
<xsl:stylesheet version="1.0" xmlns:xsl="http://www.w3.org/1999/XSL/Transform">
<!--根模板定义,有且仅有 1 个-->
<xsl:template match="/">
    …(根模板的内容)
</xsl:template>
<!--其他模板定义,可有 0 个或多个-->
<xsl:template match="…">
    …(模板的内容)
</xsl:template>
</xsl:stylesheet>
```

因为 XSLT 文档本身也是一个 XML 文件，所以文档开头是 XML 声明。

stylesheet 是一个 XSLT 文档的根元素，它包含了一个 XSLT 文档的所有信息，它属于名称空间 http://www.w3.org/1999/XSL/Transform，因此需要进行名称空间声明，并指定该名称空间的前缀为 xsl。

属性 version 指出了所用的 XSLT 的版本，注意一定要指定属性 version，这样 XML 处理器才能知道所用的 XSLT 的具体信息。

stylesheet 的属性还包括 space、id、extension-element-prefixes 和 exclude-result-prefixes，space 规定 XML 处理器如何处理空白，它的可选值有“default”和“preserve”；id 标明了样式表的唯一标识符；extension-element-prefixes 提供可用于扩展的其他名称空间，它可有多个值，值之间使用空格分隔；exclude-result-prefixes 提供不应处理为 XSLT 转换元素的名称空间，它也可以有多个值，中间都用空格分隔。

在 stylesheet 标记内，包含一个或多个用于指定转换规则的模板标记。在 XSLT 文件中，必须具有的一个模板就是文档的根模板。这是因为当一个 XSLT 文件格式化一个 XML 文件时，它总是先定位到文档的根，对文档的根使用完模板后再依次扫描文件中的其他标记。

模板的内容由指定显示格式的 HTML 标记和一系列用于控制从 XML 读取数据的 XSL 标记组成。

本节主要介绍单一模板 XSL 文档的设计。

4．模板

模板使用特定的模式来定义一组规则，通过指定应用某一具体的模板来处理 XML 文档的相关数据。

模板用于规定附加于 XML 源文档上的转换方式，它类似于一个容器，用于存放一些样式信息，这些样式信息作用于源树上的各种节点，并且可以自由地规定哪一种模板作用于哪一个节点，哪一个节点需要出现，哪一个节点不需要出现。经过转换的结果树，它的各个节点的关系与源树可以不同。

在 XSLT 的各种元素中，xsl:template 用于定义模板，常用形式如下：

```
<xsl:template match="匹配模式">
…(模板的内容)
</xsl:template>
```

其中 match 属性的值用于指定该模板样式与源 XML 文档的何种元素相匹配，用 XPath 表示。如果模板是最上层模板，则该属性值应该为“/”，也就是文档的根。

模板的内容由文本与其他允许的 XSL 子元素组成，并且可以相互交错。“文本”可以是一般文本或者是 Well-Formated HTML 标记。这些文本将会是这个模板的输出，由于允许 HTML 标记的出现，因此这个输出将可能是 HTML 标记，并且通过浏览器解析成为网页。“其他允许的 XSL 子元素”包括 xsl:value-of、xsl:for-each、xsl:element、xsl:attribute、xsl:if、xsl:choose、xsl:apply-templates 等。可以利用这些元素来完成复杂的模板组合或取得原始 XML 内的数据。这些子元素将在后面详细说明。

5．XSL 元素

1）xsl:value-of 元素

xsl:value-of 元素是模板中最常用的一个元素，这个元素可以用于求一个节点的值或属性值，通过这个元素选定值后，就可以结合样式信息对值进行显示，或者赋值给 xsl 的其他元素。它的语法规则如下：

```
<xsl:value-of select="匹配模式"/>
```

该形式根据匹配模式定位相应元素或属性，获取该元素或属性的值。

一个元素的内容是由这个元素的起始标记和结束标记之间的文本内容，以及它的所有子元素的内容构成的大的字符串。例如<住宅电话>6666666</住宅电话>的内容为 6666666，而<电话><住宅电话>6666666</住宅电话><办公电话>8888888</办公电话></电话>的内容就是 6666666 8888888。

在例 5.2 中，样式表在根模板中使用了“xsl:value-of”标记，其效果如图 5-2 所示。

【例 5.2】 XML 文件 5.2.2.xml:

```
<?xml version="1.0" encoding="UTF-8"?>
<?xml-stylesheet href="5.2.2.xsl" type="text/xsl"?>
<所有教材>
  <教材信息 ISBN="978-7-5308-4474-8">
    <教材名称>SQL Server 2000 数据库技术及应用</教材名称>
    <作者>王亚楠 张志平</作者>
    <出版社>天津科学技术出版社</出版社>
  </教材信息>
  <教材信息 ISBN="978-7-5618-2646-1">
    <教材名称>动态网页制作实例教程</教材名称>
    <作者>丁桂芝</作者>
    <出版社>天津大学出版社</出版社>
  </教材信息>
  <!--其他教材信息-->
</所有教材>
```

XSL 文件 5.2.2.xsl:

```
<?xml version="1.0" encoding="UTF-8"?>
<xsl:stylesheet version="1.0"
    xmlns:xsl="http://www.w3.org/1999/XSL/Transform">
<xsl:template match="/">
    <h3>
      <xsl:value-of select="."/>
    </h3>
    <h3>
      <xsl:value-of select="所有教材/教材信息/@ISBN" />
    </h3>
    <h3>
      <xsl:value-of select="所有教材/教材信息/教材名称"/>
    </h3>
 </xsl:template>
</xsl:stylesheet>
```

XSL 处理器在变换例 5.2 中的 5.2.2.xsl 时，从根模板开始变换，在根模板的变换中需要分别对<xsl:value-of select="."/>、<xsl:value-of select="所有教材/教材信息/@ISBN" />和<xsl:value-of select="所有教材/教材信息/教材名称"/>实施变换，那么，第一个标记变换的结果就是 XML 根标记以及所有子标记的文本内容，第二个标记变换的结果就是 XML 文档中<所有教材>标记中第一个<教材信息>标记的 ISBN 属性的值，第三个标记变换的结果就是 XML 文档中<所有教材>标记中第一个<教材信息>标记的<教材名称>子标记的内容，最终得到的变换结果如下。

```
<h3>
    SQL Server 2000 数据库技术及应用 王亚楠 张志平 天津科学技术出版社
动态网页制作实例教程 丁桂芝 天津大学出版社
</h3>
<h3>
    978-7-5308-4474-8
</h3>
<h3>
    SQL Server 2000 数据库技术及应用
</h3>
```

在 IE 浏览器中显示的结果如图 5-2 所示。

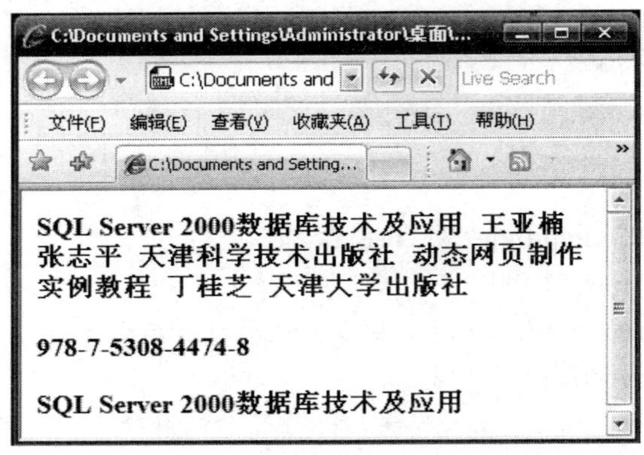

图 5-2 使用 xsl:value-of

2）xsl:for-each 元素

上述例子中仅输出了第一本教材的 ISBN 和教材名称，如果需要对 XML 文档中多个相同节点的数据进行同样的处理和输出，就可以使用特定的<xsl:for-each>元素作为循环处理指令。其语法格式为：

```
<xsl:for-each select="匹配模式"/>
    内容
</xsl:for-each>
```

该 XSL 元素必须在模板中使用。XSL 处理器根据“<xsl:for-each>”元素中的“匹配模式”到 XML 文件中寻找第一个与“匹配模式”匹配的 XML 标记，一旦找到这样的 XML 标记就能对“xsl:for-each”元素中的“内容”实施变换，并将变换后的内容嵌入到 HTML 文件中，然后，寻找下一个和“匹配模式”相匹配的 XML 标记，直到没有匹配的标记为止。

在例 5.3 中，根模板中使用了“xsl:for-each”和“xsl:value-of”标记，其效果如图 5-3

所示。

【例 5.3】 XML 文件 5.2.3.xml:

```
<?xml version="1.0" encoding="UTF-8"?>
<?xml-stylesheet href="5.2.3.xsl" type="text/xsl"?>
<所有教材>
  <教材信息 ISBN="978-7-5308-4474-8">
    <教材名称>SQL Server 2000 数据库技术及应用</教材名称>
    <作者>王亚楠 张志平</作者>
    <出版社>天津科学技术出版社</出版社>
  </教材信息>
  <教材信息 ISBN="978-7-5618-2646-1">
    <教材名称>动态网页制作实例教程</教材名称>
    <作者>丁桂芝</作者>
    <出版社>天津大学出版社</出版社>
  </教材信息>
  <!--其他教材信息-->
</所有教材>
```

XSL 文件 5.2.3.xsl:

```
<?xml version="1.0" encoding="UTF-8"?>
<xsl:stylesheet version="1.0"
      xmlns:xsl="http://www.w3.org/1999/XSL/Transform">
<xsl:template match="/">
  <h3>教材信息</h3>
  <xsl:for-each select="所有教材/教材信息">
    <xsl:value-of select="@ISBN" />
    <br/>
    <xsl:value-of select="教材名称"/>
    <p/>
  </xsl:for-each>
</xsl:template>
</xsl:stylesheet>
```

3）xsl:element 元素

xsl:element 元素可以用于在输出文件中添加一个元素，其语法规则是：

```
<xsl:element name="元素名">
…
</xsl:element>
```

name 属性用来指定添加元素的元素名称。

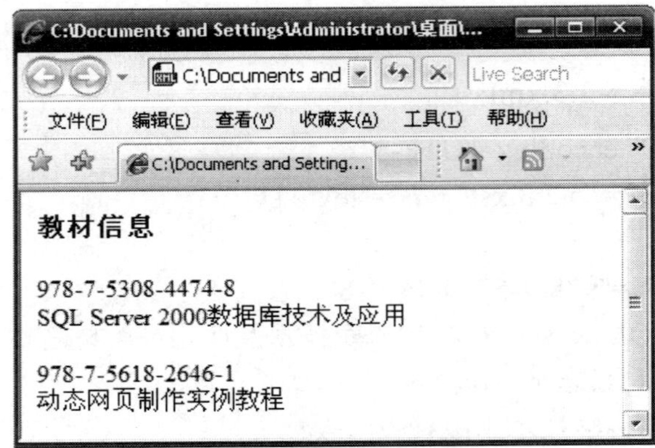

图 5-3　使用 xsl:for-each 和 xsl:value-of

4）xsl:attribute 元素

xsl:attribute 元素经常与 xsl:element 元素结合使用，它用于为新创建的元素添加自己的属性。其语法规则是：

```
<xsl:attribute name="属性名">
  …(属性值)
</xsl:attribute>
```

name 属性用来指定要设置的属性名称。为一个元素添加属性时需要注意的是不能添加在新元素的任何子元素之后，并且属性名不能重复，能够使用 xsl:attribute 的都是元素节点，并且 attribute 元素的内容只能包含字符数据。

例 5.4 中使用“xsl:element”和“xsl:attribute”元素在输出文件中添加 image 标记来显示教材的封面图片。其效果如图 5-4 所示。

【例 5.4】 XML 文件 5.2.4.xml:

```
<?xml version="1.0" encoding="GB2312"?>
<?xml-stylesheet type="text/xsl" href="5.2.4.xsl"?>
<所有教材>
  <教材信息  ISBN="978-7-5308-4474-8">
    <教材名称>SQL Server 2000 数据库技术及应用</教材名称>
    <封面>pic/book1.jpg</封面>
  </教材信息>
  <教材信息  ISBN="978-7-5618-2646-1">
    <教材名称>动态网页制作实例教程</教材名称>
    <封面>pic/book2.jpg</封面>
  </教材信息>
</所有教材>
```

XSL 文件 5.2.4.xsl：

```
<?xml version="1.0" encoding="UTF-8"?>
<xsl:stylesheet version="1.0"
```

```
        xmlns:xsl="http://www.w3.org/1999/XSL/Transform">
    <xsl:template match="/">
        <xsl:for-each select="所有教材/教材信息">
            <xsl:element name="image">
                <xsl:attribute name="src">
                    <xsl:value-of select="封面"/>
                </xsl:attribute>
            </xsl:element>
        <br/>
            <xsl:value-of select="教材名称"/>
            <p/>
        </xsl:for-each>
    </xsl:template>
</xsl:stylesheet>
```

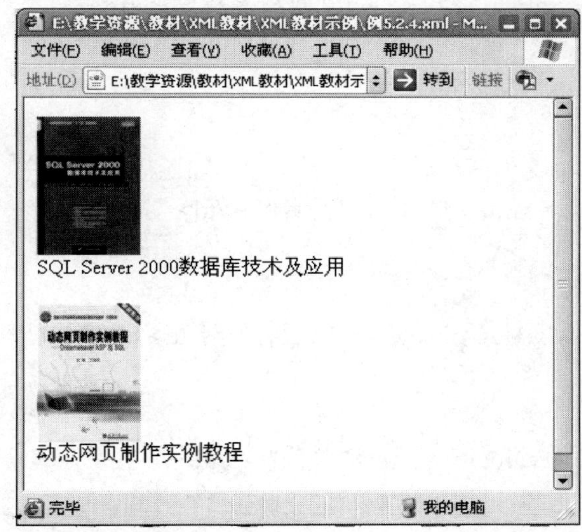

图 5-4　使用 xsl:element 和 xsl:attribute

【完成任务】

针对问题陈述 1 提出的问题，确定用表格来显示教材信息，可以采用如下 XSL 文档来显示 XML 文档：

```
<?xml version="1.0" encoding="UTF-8"?>
<xsl:stylesheet version="1.0"
    xmlns:xsl="http://www.w3.org/1999/XSL/Transform">
<xsl:template match="/">
<xsl:for-each select="所有教材/教材信息">
        <table border="0">
            <tr>
```

```
            <td rowspan="6">
               <xsl:element name="image">
                  <xsl:attribute name="src">
                     <xsl:value-of select="封面"/>
                  </xsl:attribute>
               </xsl:element>
            </td>
            <td>
               <xsl:value-of select="@ISBN"/>
            </td>
         </tr>
         <tr>
            <td>
               <font color="blue">
               <b><xsl:value-of select="教材名称"/></b>
               </font>
            </td>
         </tr>
         <tr>
            <td><xsl:value-of select="作者"/></td>
         </tr>
         <tr>
            <td><xsl:value-of select="出版社"/></td>
         </tr>
         <tr>
            <td><xsl:value-of select="单价"/></td>
         </tr>
         <tr>
            <td><xsl:value-of select="库存量"/></td>
         </tr>
      </table>
</xsl:for-each>
</xsl:template>
</xsl:stylesheet>
```

任务 3　创建 XSL 文件

这里采用 XMLSpy 来建立 XSL 文件，操作步骤如下。

第一步：打开“Altova XMLSpy”应用程序。显示 Altova XMLSpy 的开始界面，如图 5-5 所示。

图 5-5 XMLSpy 开始界面

第二步：新建一个 XSL 文件。单击“文件”菜单，选择“新建”项，弹出“创建新文档”对话框，如图 5-6 所示。

创建新文档

选择你要创建的文档类型:

xml	J2EE 1.3 Application
xml	J2EE 1.3 Application Client
xml	J2EE Connector 1.0 Resource Adapter
xml	Servlet 2.3 Deployment Descriptor
xml	XML Document
xq	XML Query Language
xql	XML Query Language
xquery	XML Query Language
xsd	XML Schema File
xsl	XSL Stylesheet v1.0
xsl	XSL Stylesheet v2.0
xslt	XSLT Stylesheet v1.0
xslt	XSLT Stylesheet v2.0

选择一个视觉样式样式表… 确定 取消

图 5-6 “创建新文档”对话框

第三步：在“选择你要创建的文档类型”中选择“xsl—XSL Stylesheet v1.0”，单击“确定”按钮，弹出“创建新的 XSL/XSLT 文件”对话框，如图 5-7 所示。

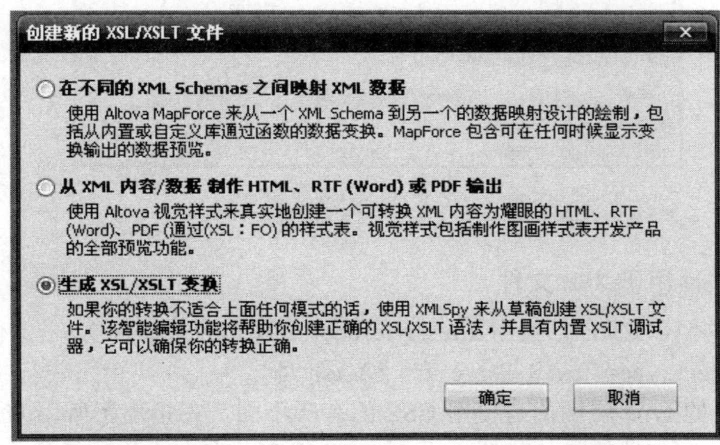

图 5-7 “创建新的 XSL/XSLT 文件”对话框

第四步：选择“生成 XSL→XSLT 变换”选项，单击“确定”按钮，进入 XSL 文档编辑窗口，如图 5-8 所示。

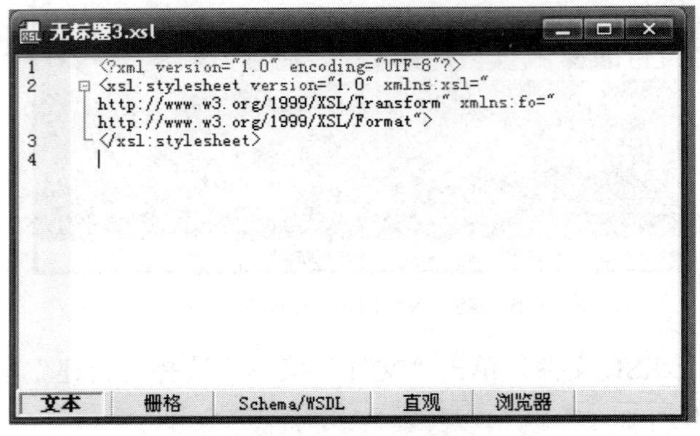

图 5-8 XSL 文档编辑窗口

第五步：在 XSL 文档编辑窗口，输入问题 1 解决方案中给出的 XSL 文档。在编辑过程中，可以利用 XMLSpy 提供的“录入助手”快速输入。具体用法此处不再详述。

第六步：输入完成后，单击“保存”按钮。将该 XSL 文档保存到 5.2.1.xml 相同的文件夹中，并命名为 5.2.1.xsl，如图 5-9 所示。

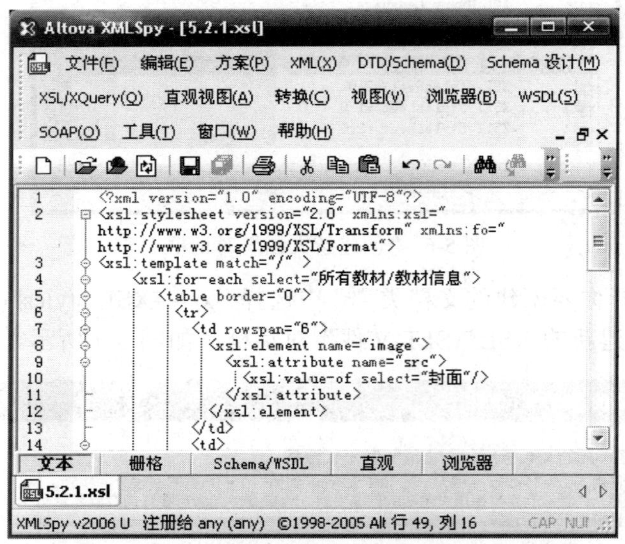

图 5-9 保存后的 XSL 文档

任务 4 将 XSL 文件用于 XML 文件

与使用 CSS 类似，XML 也使用 xml-stylesheet 处理指令来访问 XSL 文件：

```
<?xml-stylesheet type="text/xsl" href="5.2.1.xsl"?>
```

这里处理指令的 type 属性值与使用 CSS 的有所不同，它指出了所用的是 XSL 类型，href 属性值指出 XSL 文档的具体位置。下面在 XML Spy 中完成此项任务。

第一步：在 XML Spy 中打开 5.2.1.xml 文件。打开的结果如图 5-10 所示。

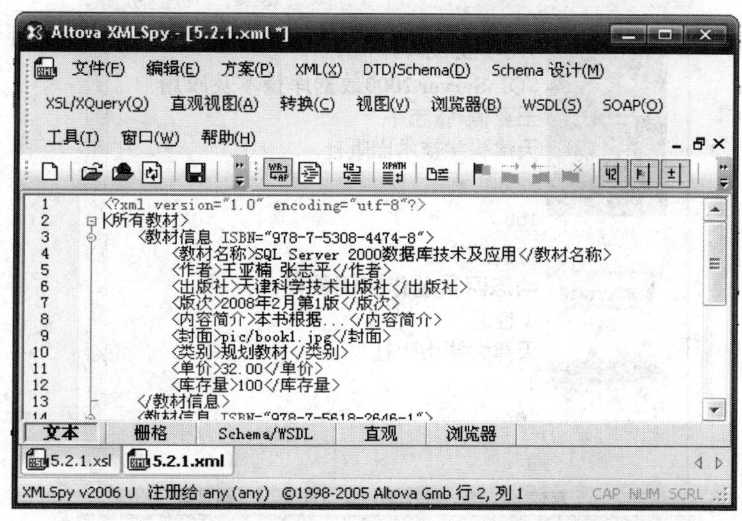

图 5-10　XML 文件 5.2.1.xml

第二步：在 XML 文件的 XML 声明语句后，插入 xml-stylesheet 处理指令，引入 XSL 文件，将 XSL 文件用于 XML 文件，修改后的结果如图 5-11 所示。

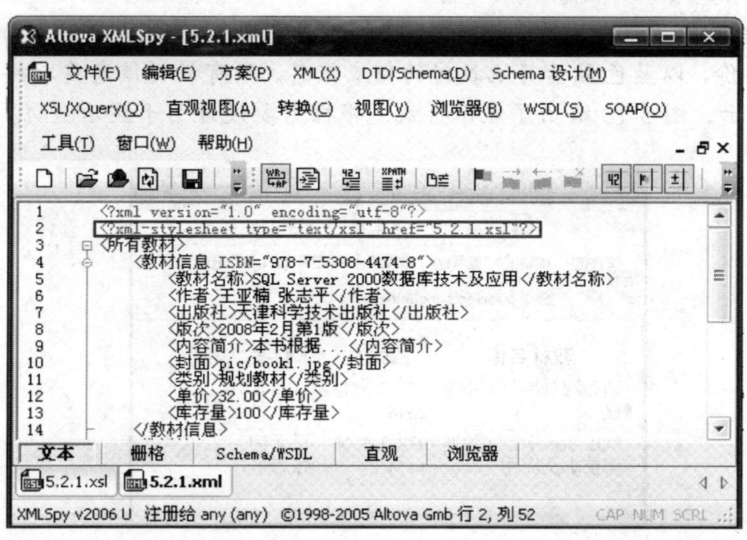

图 5-11　修改后的 XML 文件 5.2.1.xml

第三步：保存修改后的 XML 文件。

任务 5　查看转换结果

在 XML Spy 中，打开 5.2.1.xml 文件，选择“浏览器”标签，显示转换后的结果，如图 5-12 所示。

图 5-12　转换结果

案例 2　数据的条件显示及排序

问题陈述：针对前面的 XML 文件 5.2.1.xml，以红色显示单价高于 35 元的教材的名称、ISBN、作者和单价，以蓝色显示其他教材的相应信息。所有教材信息要求按照单价从高往低的顺序排列显示。图 5-13 给出了显示样式。根据需要设计用于显示 XML 文档的 XSL。

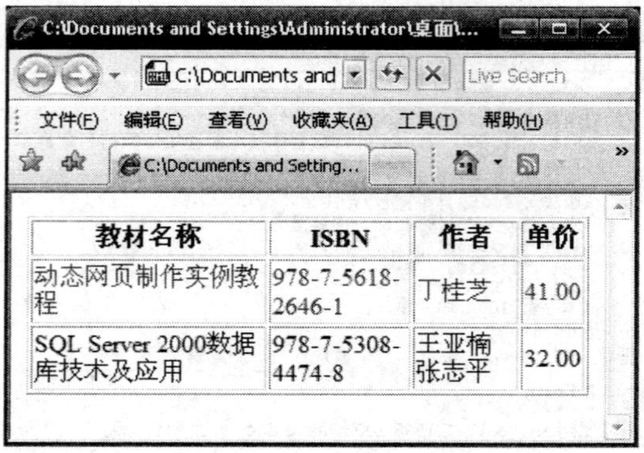

教材名称	ISBN	作者	单价
动态网页制作实例教程	978-7-5618-2646-1	丁桂芝	41.00
SQL Server 2000数据库技术及应用	978-7-5308-4474-8	王亚楠 张志平	32.00

图 5-13　案例 2 的显示结果

解决上述问题，需要完成以下任务。

任务 1：确定要显示的数据。

任务 2：明确条件控制显示数据的机制。

任务 3：明确数据排序显示的机制。

任务 4：创建 XSL 文件。

任务 5：将 XSL 文件用于 XML 文件。

任务 6：查看转换结果。

任务 1 确定要显示的数据

按照问题陈述，要显示的数据如下。

元素：教材名称、作者、单价。

属性：ISBN。

任务 2 明确条件控制显示数据的机制

根据问题陈述，对于不同单价的教材用不同的方式显示，这是一个条件格式化问题。在 XSL 中可用于对 XML 进行条件格式化的元素如下：

1）if 元素

2）choose 元素

下面介绍这两个元素的用法。

1．xsl:if 元素

xsl:if 元素用于检验条件，它类似于其他程序设计语言中的 if 语句，用于执行需要的判断，进而根据判断的情况决定采取何种措施。语法规则如下：

```
<xsl:if test="条件">
    …(条件为真时允许执行的操作)
</xsl:if>
```

该元素的 test 属性的值为一个 XPath 条件表达式，当该值为 true 时，执行 xsl:if 元素中允许执行的转换。

【例 5.5】只显示 XML 文件 5.2.1.xml 中单价高于 35 元的教材的名称，可使用 XSL 文件 5.2.5.xsl。

```
<?xml version="1.0" encoding="UTF-8"?>
<xsl:stylesheet version="1.0"
    xmlns:xsl="http://www.w3.org/1999/XSL/Transform">
<xsl:template match="/">
    <xsl:for-each select="所有教材/教材信息">
        <xsl:if test="单价[. &gt; 35]">
            <xsl:value-of select="教材名称"/>
        </xsl:if>
    </xsl:for-each>
</xsl:template>
</xsl:stylesheet>
```

当该 XSL 文件应用于 XML 文件 5.2.1.xml 时，显示结果如图 5-14 所示。

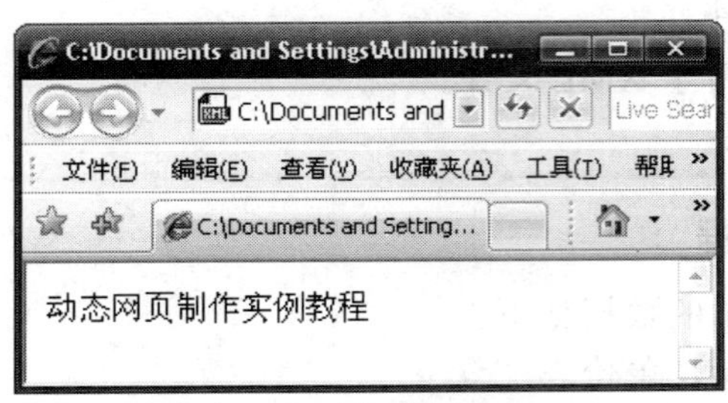

图 5-14 xsl:if 示例

例 5.5 从 XML 文件中选择单价高于 35 元的教材进行显示，使用了 xsl:if 元素，其中最重要的语句是：<xsl:if test="单价[. > 35]">。

同时，该语句必须与 xsl:for-each 元素相结合才能遍历整个 XML 文档并找到符合条件的元素。另外，xsl:if 元素并没有实现类似于其他程序设计语言中的 if-else 的判断功能，可以说是一种功能缺陷，但在 xsl:choose 元素中提供了多选一的语句控制功能，作为一种特殊情况，二选一就对应了 if-else。下面介绍 xsl:choose 元素。

2．xsl:choose 元素

xsl:choose 元素比 xsl:if 元素更加完整，xsl:if 元素虽然能够进行条件测试，但是没有提供如果不符合条件的话进一步如何处理的功能，而 xsl:choose 元素具备了这样的功能，xsl:choose 与它的两个子元素 xsl:when 和 xsl:otherwise 共同完成这一控制功能。其语法规则如下：

```
<xsl:choose>
    <xsl:when test="条件 1">…</xsl:when>
    <xsl:when test="条件 2">…</xsl:when>
    …
    <xsl:otherwise>…</xsl:otherwise>
</xsl:choose>
```

xsl:choose 元素必须包含一个或多个 xsl:when 元素。可以只包含一个可选的 xsl:otherwise 元素，该元素必须出现在所有 xsl:when 元素之后。在执行转换时，首先 when 测试条件，如果满足条件就执行 when 元素包含的一系列转换动作，如果不满足则执行 otherwise 元素包含的一系列动作。

【例 5.6】 当单价高于 35 元，则以红色显示教材名称，否则用蓝色显示教材名称，可使用 XSL 文件 5.2.6.xsl。

```
<?xml version="1.0" encoding="UTF-8"?>
<xsl:stylesheet version="1.0"
    xmlns:xsl="http://www.w3.org/1999/XSL/Transform">
<xsl:template match="/">
    <xsl:for-each select="所有教材/教材信息">
        <xsl:choose>
```

```
            <xsl:when test="单价[. &gt; 35]">
                <font color="red">
                    <xsl:value-of select="教材名称"/>
                </font>
            </xsl:when>
            <xsl:otherwise>
                <font color="blue">
                    <xsl:value-of select="教材名称"/>
                </font>
            </xsl:otherwise>
        </xsl:choose>
    </xsl:for-each>
</xsl:template>
</xsl:stylesheet>
```

在 XML 文件 5.2.1.xml 中应用该 XSL 文件的显示结果，如图 5-15 所示。

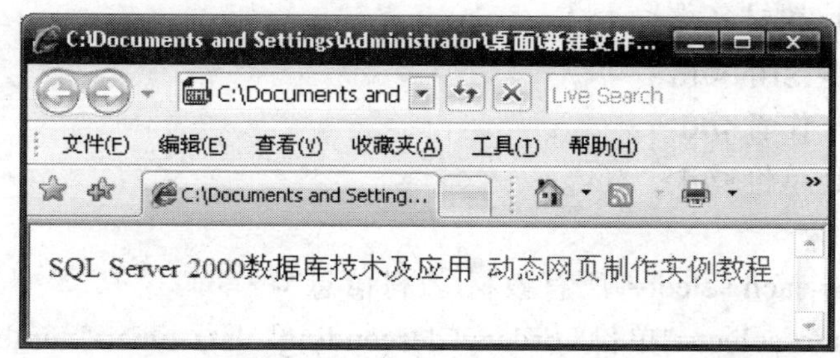

图 5-15　xsl:choose 示例

例 5.6 首先判断条件，单价是否高于 35 元，如果符合条件，则执行 when 元素包含的内容；将教材名称包含在标记<font color="red">中，从而用红色显示教材名称，不满足条件的元素会执行 otherwise 元素包含的内容；将教材名称包含在标记<font color="blue">中，从而用蓝色显示教材名称。必须注意的一点是 when 元素和 otherwise 元素一定要和 choose 元素搭配，作为 choose 元素的子元素出现，不能在 XSL 元素中单独出现。

任务 3　明确数据排序显示的机制

根据问题陈述，要求按照单价从高往低的顺序显示教材信息，这是一个排序显示问题，在 XSL 中可利用 xsl:sort 元素来实现排序功能。

xsl:sort 元素

xsl:sort 元素提供按照一定的顺序对元素进行排序的功能，它必须作为 for-each 元素或 apply-templates 元素的子元素出现。其语法规则如下：

```
<xsl:sort select="排序表达式" order="ascending|descending"
    data-type="text|number" case-order="upper-first|lower-first"
 lang="排序关键字的语言" />
```

select 属性用于指定排序关键字，用 XPath 表示；order 属性用于指定如何排序，它的值可以是 ascending（升序）和 descending（降序）；data-type 属性的值可以是 text 和 number 两种，默认为 text 属性，指定将排序关键字按文本格式排序，number 指定将排序关键字按数据格式来排序；case-order 属性可以取 upper-first（大写串优先）和 lower-first（小写串优先），表示先排序的是大写串还是小写串；lang 属性用于指明用作排序关键字的语言，例如中文取值为 zh-CN，英文取值为 EN。

【例 5.7】 对 5.2.1.xml 文档中的教材按价格从高到低的顺序进行排序。

文件 5.2.7.xsl：

```
<?xml version="1.0" encoding="UTF-8"?>
<xsl:stylesheet version="1.0"
    xmlns:xsl="http://www.w3.org/1999/XSL/Transform">
<xsl:template match="/">
    <table border="1" align="center">
        <tr>
            <td>教材名称</td>
            <td>ISBN</td>
            <td>作者</td>
            <td>单价</td>
        </tr>
        <xsl:for-each select="所有教材/教材信息">
          <xsl:sort select="单价" order="descending" data-type="number" />
          <tr>
            <td><xsl:value-of select="教材名称"/></td>
              <td><xsl:value-of select="@ISBN"/></td>
              <td><xsl:value-of select="作者"/></td>
              <td><xsl:value-of select="单价"/></td>
          </tr>
      </xsl:for-each>
    </table>
</xsl:template>
</xsl:stylesheet>
```

例 5.7 对教材信息进行显示，通过下列语句对教材信息按照单价的高低进行排列，data-type 指出了待排序的是数据格式，order 指出按照降序，也即价格从高到低排列，select 指出按照单价元素进行排列。

```
<xsl:sort select="单价" order="descending" data-type="number" />
```

这个结果可以很容易从图 5-16 中看出。

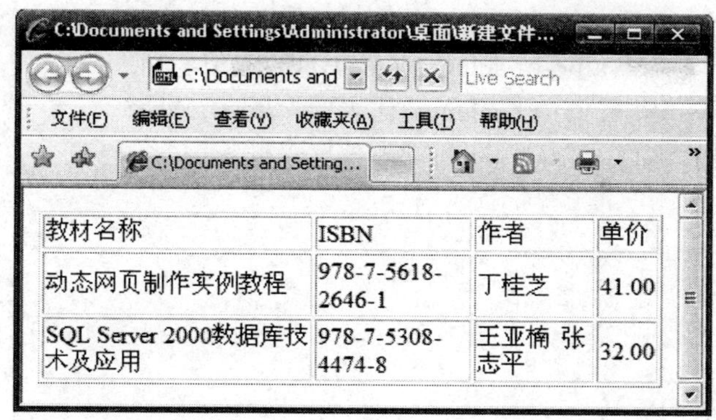

教材名称	ISBN	作者	单价
动态网页制作实例教程	978-7-5618-2646-1	丁桂芝	41.00
SQL Server 2000数据库技术及应用	978-7-5308-4474-8	王亚楠 张志平	32.00

图 5-16　xsl:sort 示例

任务 4　创建 XSL 文件

根据问题陈述，针对 XML 文件 5.2.1.xml，以红色显示单价高于 35 元的教材的名称、ISBN、作者和单价，以蓝色显示其他教材的相应信息。所有教材信息要求按照单价从高往低的顺序排列显示。按此要求设计的 XSL 文件如下。

文件 5.2.8.xsl：

```
<?xml version="1.0" encoding="UTF-8"?>
<xsl:stylesheet version="1.0"
      xmlns:xsl="http://www.w3.org/1999/XSL/Transform">
<xsl:template match="/">
      <table border="1" align="center">
         <tr>
               <th>教材名称</th>
               <th>ISBN</th>
               <th>作者</th>
               <th>单价</th>
         </tr>
         <xsl:for-each select="所有教材/教材信息">
            <xsl:sort select="单价" data-type="number" order="descending"/>
            <tr>
               <xsl:attribute name="style">
               <xsl:choose>
                  <xsl:when test="单价[. &gt; 35]">
                     color:red
                  </xsl:when>
                  <xsl:otherwise>color:blue</xsl:otherwise>
               </xsl:choose>
               </xsl:attribute>
```

```
            <td><xsl:value-of select="教材名称"/></td>
            <td><xsl:value-of select="@ISBN"/></td>
            <td><xsl:value-of select="作者"/></td>
            <td><xsl:value-of select="单价"/></td>
          </tr>
        </xsl:for-each>
      </table>
  </xsl:template>
  </xsl:stylesheet>
```

可利用 XML Spy 或记事本输入上述代码，并保存为 5.2.8.xsl 文件。

任务 5　将 XSL 文件用于 XML 文件

打开 5.2.1.xml 文件，将 xml-stylesheet 处理指令更改为如下形式，然后保存。

```
<?xml-stylesheet type="text/xsl" href="5.2.8.xsl"?>
```

任务 6　查看转换结果

在 IE 浏览器中查看 5.2.1.xml 文件，显示结果如图 5-13 所示。

5.3　多模板 XSL 文档格式

前面所讨论的问题都是给整个XML文档定义一个模板，但是对于一些结构复杂的XML文档，使用单一模板是不科学的，那样只会让 XSL 文档看起来相当凌乱，降低了 XSL 文档可读性，使得各种转换规则之间缺乏有效的组织，也不便于以后对 XSL 文档进行维护和管理。因此使用多模板的 XSL 文档格式可以有效地解决此类问题，它降低了组织各种转换规则的难度，使得 XSL 文档结构清晰，条理分明。通过对多个模板的集成从而构成 XSL 文档的整体架构，模板之间可以是调用与被调用的关系，也可以是平等的并列关系，XML 处理器一般都会将与根元素相匹配的模板作为入口点，然后根据模板间的关系进行匹配。下面通过一个案例来讲解多模板 XSL 设计的一般方法。

案例 3　多模板 XSL 设计及应用

问题陈述：针对前面的 XML 文件 5.2.1.xml，要求以列表方式显示教材名称、ISBN、作者和出版社。根据需要设计一个多模板 XSL 文件显示 XML 文档。图 5-17 给出了显示样式。

解决上述问题，需要完成以下任务。

任务 1：明确要显示的数据。

任务 2：明确多模板显示数据的机制。

任务 3：设计多模板 XSL。

任务 4：创建 XSL。

任务 5：将 XSL 应用到 XML。

任务 6：查看 XML 文档。

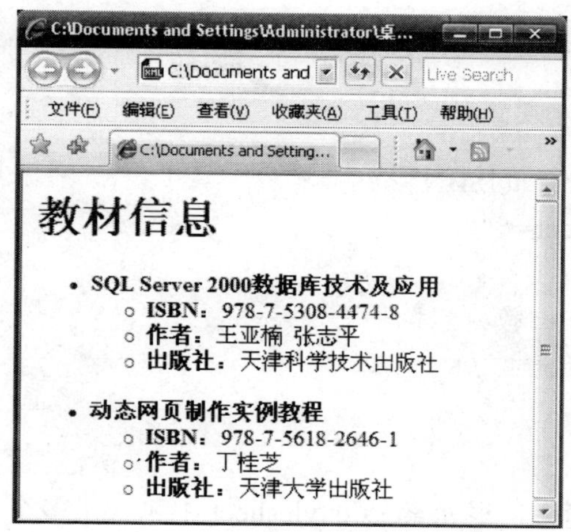

图 5-17 案例显示结果

任务 1 明确要显示的数据

根据问题陈述，要显示的数据如下。

元素：教材名称、作者、出版社。

属性：ISBN。

任务 2 明确多模板显示数据的机制

1．多模板 XSL 文档结构

下面通过一个例子来介绍多模板 XSL 文档的结构。

【例 5.8】该例子使用的 XML 文档是 5.2.3.xml 文档，显示结果也与例 5.3 完全相同，如图 5-3 所示，只是本例中利用多模板来转换 XML 文档。主要的目的是讲解多模板 XSL 文档的结构，以及多模板 XSL 转换原理。

文件 5.3.1.xsl：

```
<?xml version="1.0" encoding="UTF-8"?>
<xsl:stylesheet version="1.0"
     xmlns:xsl="http://www.w3.org/1999/XSL/Transform">
  <xsl:template match="/">
     <h3>教材信息</h3>
     <xsl:apply-templates />
  </xsl:template>
  <xsl:template match="所有教材">
     <xsl:apply-templates />
  </xsl:template>
  <xsl:template match="教材信息">
     <xsl:apply-templates select="@ISBN"/>
     <br/>
```

```
        <xsl:apply-templates select="教材名称"/>
        <p/>
    </xsl:template>
    <xsl:template match="@ISBN">
        <xsl:value-of select="."/>
    </xsl:template>
    <xsl:template match="教材名称">
        <xsl:value-of select="."/>
    </xsl:template>
</xsl:stylesheet>
```

在该多模板 XSL 文档中，根元素 xsl:stylesheet 中包含了多个形如<xsl:template match="...">...</xsl:template>的模板标记，在每一个标记中定义了与 match 属性指定的元素或属性对应的转换规则。

在模板标记中，除了前面已经讲过的 XSL 元素外，还涉及一个重要的 XSL 元素 xsl:apply-templates。它在 XSLT 转换过程中调用已定义的模板。它有两种形式，一种是带 select 属性的 xsl:apply-templates 标记，其语法格式为：

```
<xsl:apply-templates select="匹配模式"/>
```

它表示在 XSLT 中应用与指定模式相匹配的模板，对指定节点进行格式化。匹配模式也使用 XPath 表示。

另一种形式是不带 select 属性的 xsl:apply-templates 标记，其语法格式如下：

```
<xsl:apply-templates />
```

这种用法没有指定调用什么标记的模板，即对它的所有子标记都调用其相应的模板。

2．多模板 XSL 转换原理

下面将详细介绍 XSLT 处理器是如何利用多模板 XSL 文档将 XML 文档转换成为 HTML 文档的。

第一步：创建结果树的根。XSLT 处理器将 XML 文档的根指定为结果树的根的当前节点，并查找与根匹配的模板，找到后，把模板内容复制到结果树。经过这一步转换后的转变结果如下：

```
<h3>教材信息</h3>
<xsl:apply-templates />（父节点是"/"）
```

第二步：进一步扫描结果树，找到根节点下的一个 XSLT 元素：xsl:apply-templates。该元素不带 select 属性，表示将模板应用到当前节点的所有子节点。在此示例中，源树根的唯一子节点是根元素<所有教材>。找到一个匹配该节点的模板，其 match 属性有值“所有教材”。复制此模板的内容到结果树，以代替原来的 xsl:apply-templates。此时<所有教材>元素成为当前节点。转换后的结果如下：

```
<h3>教材信息</h3>
<xsl:apply-templates />（父节点是<所有教材>）
```

第三步：进一步扫描结果树，找到当前节点<所有教材>下面的 XSLT 元素 <xsl:apply-templates />。该元素不带 select 属性，表示将模板应用到当前节点的所有子节点。此时当前节点为<所有教材>元素，它具有两个子节点<教材信息>。因此，上述转换结果等价于下面的语句形式：

```
<h3>教材信息</h3>
<xsl:apply-templates select="教材信息[1]"/>（父节点是<所有教材>）
<xsl:apply-templates select="教材信息[2]"/>（父节点是<所有教材>）
```

找到匹配<教材信息>节点的模板，其 match 属性有值“教材信息”。对第 1 个<教材信息>节点应用模板，将模板内容复制到结果树，代替<xsl:apply-templates select="教材信息[1]"/>。此时第 1 个<教材信息>元素成为当前节点。转换后的结果如下：

```
<h3>教材信息</h3>
<xsl:apply-templates select="@ISBN"/>（父节点是第 1 个<教材信息>）
<br/>
<xsl:apply-templates select="教材名称"/>（父节点是第 1 个<教材信息>）
<p/>
<xsl:apply-templates select="教材信息[2]"/>（父节点是<所有教材>）
```

第四步：进一步扫描结果树，找到 XSLT 元素<xsl:apply-templates select="@ISBN"/>，它位于当前节点是第 1 个<教材信息>元素的下面。在 XSLT 文档中找到匹配属性“@ISBN”的模板，将模板内容复制到结果树，代替<xsl:apply-templates select="@ISBN"/>。此时，第 1 个<教材信息>元素的 ISBN 属性成为当前节点。转换后的结果为：

```
<h3>教材信息</h3>
<xsl:value-of select="."/>（父节点是第 1 个<教材信息>的 ISBN 属性）
<br/>
<xsl:apply-templates select="教材名称"/>（父节点是第 1 个<教材信息>）
<p/>
<xsl:apply-templates select="教材信息[2]"/>（父节点是<所有教材>）
```

第五步：进一步扫描结果树，找到当前节点是第 1 个<教材信息>元素的 ISBN 属性的 XSLT 元素<xsl:value-of select="."/>，其 select 属性为“.”，表示取当前节点的值，也就是第 1 个<教材信息>元素的 ISBN 属性节点的值。用其值替换<xsl:value-of select="."/>。转换后的结果为：

```
<h3>教材信息</h3>
978-7-5308-4474-8
<br/>
<xsl:apply-templates select="教材名称"/>（父节点是第 1 个<教材信息>节点）
<p/>
<xsl:apply-templates select="教材信息[2]"/>（父节点是<所有教材>）
```

第六步：扫描结果树，找到当前节点是第 1 个<教材信息>元素下面带有的 XSLT 元素

<xsl:apply-templates select="教材名称"/>。找到匹配元素“教材名称”的模板，将模板内容复制到结果树，代替<xsl:apply-templates select="教材名称"/>。此时，第 1 个元素<教材信息>元素的<教材名称>元素成为当前节点。转换后的结果为：

```
<h3>教材信息</h3>
978-7-5308-4474-8
<br/>
<xsl:value-of select="."/>（父节点是第 1 个<教材信息>元素的子元素<教材名称>）
<p/>
<xsl:apply-templates select="教材信息[2]"/> （父节点是<所有教材>）
```

第七步：扫描结果树，找到当前节点是第 1 个<教材信息>元素的子元素<教材名称>的 XSLT 元素<xsl:value-of select="."/>，其 select 属性为“.”，表示取当前节点的值，也就是第 1 个<教材信息>元素的子元素<教材名称>的值。用其值替换<xsl:value-of select="."/>。转换后的结果为：

```
<h3>教材信息</h3>
978-7-5308-4474-8
<br/>
SQL Server 2000 数据库技术及应用
<p/>
<xsl:apply-templates select="教材信息[2]"/> （父节点是<所有教材>）
```

第八步：扫描结果树，找到当前节点是<所有教材>元素的 XSLT 元素 <xsl:apply-templates select="教材信息[2]"/>。程序开始对第二个<教材信息>进行同样的处理，得到如下处理结果，该结果就是能够被浏览器正常显示的 HTML 文件格式。

```
<h3>教材信息</h3>
978-7-5308-4474-8
<br/>
SQL Server 2000 数据库技术及应用
<p/>
978-7-5618-2646-1
<br/>
动态网页制作实例教程
<p/>
```

上面转换结果在浏览器中的显示如图 5-3 所示。上面例子显示了 XSL 对 XML 进行转换的详细过程，从上到下逐层进行转换，条理十分清晰。

任务 3　设计多模板 XSL

前面介绍了多模板 XSL 格式化 XML 的原理，下面讲解多模板 XSL 的设计方法。这里就根据 XML 文档的结构及其显示要求来设计相应的 XSL 文档。具体可分为以下几步：

（1）绘制 XML 结构图。

根据 5.2.1.xml 文件得到的结构图如图 5-18 所示。

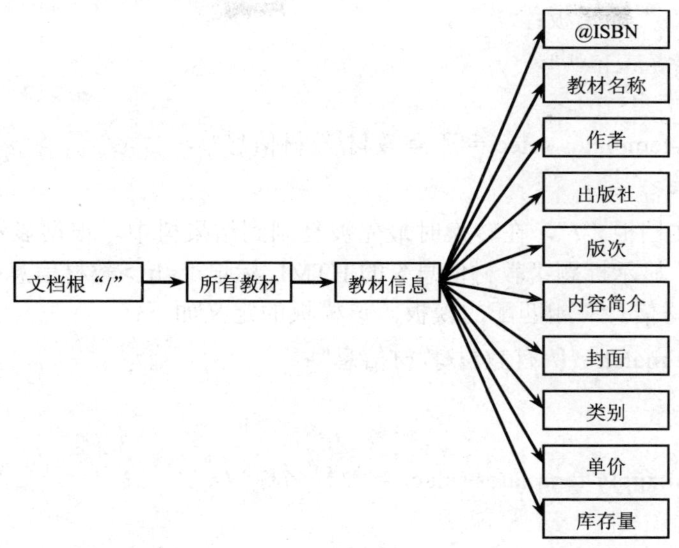

图 5-18 XML 结构图

该结构图有如下特点：

1）文档的根写在图形的最左边；

2）箭头表示一种相互的“父子”关系，方向总是从父标记指向子标记。

（2）根据任务 1 确定要显示的信息，以及对显示格式的要求，将 XML 文档结构图进行分区，不同的区用不同的虚线矩形框住，如图 5-19 所示。

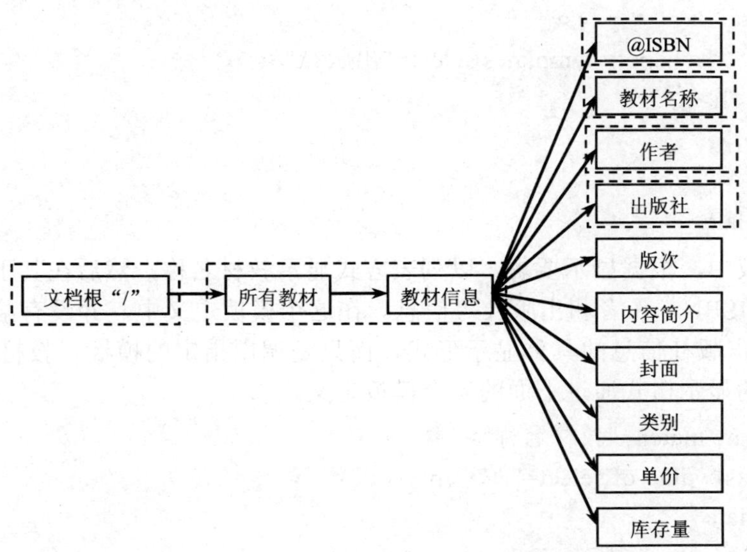

图 5-19 对 XML 结构图进行分区

在图形中，所有要显示的标记都被虚线矩形框分割开，且这些矩形只有一个入口（但可以有多个出口）。这里一个虚线框对应一个模板，每个模板的显示样式根据需要设计，互不干扰。图中的箭头给出了模板间的调用关系。这些模板的框架分别如下。

对应文档根“/”的模板：

```
<xsl:template match="/">
  <h1>教材信息</h1>
  <xsl:apply-templates select="所有教材/教材信息" />
</xsl:template>
```

该模板匹配文档根“/”，在转换时最先被复制到结果树中。根据显示要求，在该模板中首先添加了用于显示标题“教材信息”的 HTML 标记“<h1>教材信息</h1>”，然后调用和“所有教材/教材信息”相匹配的模板。该模板的定义如下：

```
<xsl:template match="所有教材/教材信息">
    <ul>
        <li>
          <xsl:apply-templates select ="教材名称" />
        </li>
        <ul>
          <li>
            <xsl:apply-templates select="@ISBN"/>
          </li>
          <li>
            <xsl:apply-templates select ="作者"/>
          </li>
          <li>
            <xsl:apply-templates select="出版社"/>
          </li>
        </ul>
    </ul>
</xsl:template>
```

在这个模板中，根据显示要求，以列表方式显示教材名称，然后在其下方以列表方式显示该教材的 ISBN、作者和出版社等信息。在这个模板定义中，并没有给出教材名称、ISBN、作者和出版社信息的具体显示形式，而只是调用指定的模板。教材名称、ISBN、作者和出版社的显示格式通过下面的 4 个模板定义。

```
<xsl:template match="教材名称">
      <b><xsl:value-of select="."/></b>
</xsl:template>
<xsl:template match="@ISBN">
      <b>ISBN：</b>
      <xsl:value-of select="."/>
</xsl:template>
```

```
<xsl:template match="作者">
    <b>作者：</b>
    <xsl:value-of select="."/>
</xsl:template>
<xsl:template match="出版社">
    <b>出版社：</b>
    <xsl:value-of select="."/>
</xsl:template>
```

这些模板对应 XML 文档树的叶节点，因此在这些模板定义中，主要规定各个具体内容的显示格式，不再调用其他模板。

至此，要求按照图 5-17 所示样式显示 XML 文档 5.2.1.xml 的多模板 XSL 文档设计完成。

任务 4　创建 XSL

设计完整的 XSL 文档如下。

文档 5.3.2.xsl：

```
<?xml version="1.0" encoding="UTF-8"?>
<xsl:stylesheet version="1.0"
    xmlns:xsl="http://www.w3.org/1999/XSL/Transform">
  <xsl:template match="/">
    <h1>教材信息</h1>
    <xsl:apply-templates select="所有教材/教材信息" />
  </xsl:template>
  <xsl:template match="所有教材/教材信息">
    <ul>
      <li>
        <xsl:apply-templates select ="教材名称" />
      </li>
      <ul>
        <li>
          <xsl:apply-templates select="@ISBN"/>
        </li>
        <li>
          <xsl:apply-templates select ="作者"/>
        </li>
        <li>
          <xsl:apply-templates select="出版社"/>
        </li>
      </ul>
```

```
    </ul>
  </xsl:template>
  <xsl:template match="教材名称">
    <b><xsl:value-of select="."/></b>
  </xsl:template>
  <xsl:template match="@ISBN">
    <b>ISBN：</b>
    <xsl:value-of select="."/>
  </xsl:template>
  <xsl:template match="作者">
    <b>作者：</b>
    <xsl:value-of select="."/>
  </xsl:template>
  <xsl:template match="出版社">
    <b>出版社：</b>
    <xsl:value-of select="."/>
  </xsl:template>
</xsl:stylesheet>
```

可利用 XML Spy 或记事本输入上述代码，并保存为 5.3.2.xsl 文件。

任务 5　将 XSL 应用到 XML

打开 5.2.1.xml 文件，将 xml-stylesheet 处理指令更改为如下形式，然后保存。

```
<?xml-stylesheet type="text/xsl" href="5.3.2.xsl"?>
```

任务 6　查看 XML 文档

在 IE 浏览器中查看 5.2.1.xml 文件，显示结果如图 5-17 所示。

5.4　该你动手了

根据下面给定的 XML 文档 5.4.1.xml，设计一个 XSL 文档用于显示该 XML 文档中的数据，每个班级信息显示在一行中，班级信息包括班号、班级名称、班级人数、所属专业编号、所属系部编号，班号、班级名称必须以红色显示，其他均用蓝色显示。显示结果如图 5-20 所示。分别使用单模板 XSL 和多模板 XSL 实现。

文件 5.4.1.xml：

```
<?xml version="1.0" encoding="UTF-8"?>
<所有班级>
  <班级信息 班号="0806130301" 所属专业编号="080613" 所属系部编号="0806">
    <班级名称>高网 0301 班</班级名称>
    <班级人数>44</班级人数>
```

```
    </班级信息>
    <班级信息 班号="0806130302" 所属专业编号="080613" 所属系部编号="0806">
      <班级名称>高网 0302 班</班级名称>
      <班级人数>43</班级人数>
    </班级信息>
    <班级信息 班号="0000212041" 所属专业编号="000021" 所属系部编号="0801">
      <班级名称>国土资源 0401</班级名称>
      <班级人数>48</班级人数>
    </班级信息>
</所有班级>
```

图 5-20　要求的显示结果

5.5　小结

本章主要介绍可扩展样式语言 XSL 的基础知识。XSL 是一种格式转换语言，它由三部分组成：XSLT、XPath 和 XSL-FO。目前使用最广泛的是 XSLT 和 XPath，有些情况下人们直接将 XSLT 等同于 XSL。本章主要介绍的是 XSLT，XSLT 是 XSL 标准中最重要的部分，本章主要介绍如何利用它将一个 XML 文档转换为 HTML 文档。

本章通过案例介绍了 XSL 文档的基本结构，XSLT 转换原理，XPath 基本知识以及在 XSL 中的使用，介绍了 XSLT 常用元素（xsl:template、xsl:value-of、xsl:for-each、xsl:element、xsl:attribute、xsl:if、xsl:choose、xsl:sort、xsl:apply-templates）的基本语法及应用。最后介绍了多模板 XSL 的设计方法。

本章的重点是 XSLT 的基本概念和语法，难点是如何编写 XSLT。建议读者在理解 XSLT 转换原理的基础上，通过实践掌握编写 XSLT 的相关技术。

5.6 习题

一、选择题

1．下列________不属于 XSL 用到的节点。

A．文本节点　　B．根节点　　C．叶子节点　　D．注释节点

2．下列说法错误的是________。

A．XML 文档是一棵树，所以 XSL 需要考察 XML 文档的树，根据需要决定输出的节点从而重新构造出结果树

B．HTML 的标签可以直接在 XSL 文档中使用，利用 HTML 在显示方面的功能来为 XSL 服务

C．对于一些结构复杂的 XML 文档，使用单一模板是不科学的，那样只会让 XSL 文档看起来相当的臃肿而且凌乱，但是不会降低 XSL 文档的可读性

D．模板用于规定附加于 XML 源文档上的转换方式，它类似于一个容器，用于存放一些样式信息

二、填空题

1．XSL 是 W3C 推荐的一种标准，它由三部分组成：________、________和__________。

2．XSLT 是 XSL 标准中最重要的部分，它用于________________。

3．模板用于规定____________________，它类似于________________，用于存放一些________________，这些________________作用于源树上的各种节点。

4．在转换的过程中，XSLT 用______________来定义源文档中与______________相匹配的部分。

5．与 XSL 相对应的名称空间是__________________________________，这是 W3C XSL 推荐的标准形式，一般要求对应该名称空间的前缀是____________。

三、思考题

1．XSL 由哪几部分构成？

2．相对定位与绝对定位是什么？

3．简述 XSL 文档的基本结构。

4．针对 XML 文档 5.2.1.xml，如何利用 xsl:if 元素实现下列功能：若单价高于 35 元，则以红色显示教材名称，否则以蓝色显示教材名称。写出相应的 XSL 文档。

第6章 数 据 岛

本章将介绍以下内容：

1. 数据岛的定义
2. 数据岛数据的显示

6.1 数据岛简介

XML 数据源对象（Data Source Objec, DSO）又称数据岛（Data Islands），是将 XML 与 HTML 结合最直接的方法。简单地说，如果把一份完整的 HTML 网页当作是海洋，那么其中的 HTML 标记就是海洋的主要成分，即海（水）的部分。而如果将 XML 放入这个 HTML 网页中，就像在海洋中浮现一个个岛屿，因此，称为 XML 数据岛。

利用 XML 数据岛，可以将一个 XML 文档或一段 XML 代码嵌入到 HTML 网页中，将 XML 的数据和 HTML 的对象通过绑定而进行显示，实现页面范围内数据和显示的分离。同时，还可实现数据在客户端的分页显示。

在 HTML 中使用数据岛链接 XML 文档有两种方式：第一种是在 HTML 文档中直接嵌套 XML 数据，它通过使用一对<XML></XML>标记将 XML 代码嵌入到 HTML 文档中，例 6.1 就是内嵌数据岛；第二种是外部调用数据岛，作为数据岛的 XML 数据也可以单独存放成一个独立的 XML 文档，接着在需要使用数据岛的 HTML 文档页面通过如下语句进行调用，这就是外部调用数据的数据岛。

```
<XML id="XMLdata" src="XML-URL"></XML>
```

【例 6.1】 内嵌数据岛

文件 6.1.1.htm：

```
<html>
<head>
    <title>6.1.1 内嵌的数据岛</title>
</head>
<body>
    <!--数据岛部分开始-->
    <xml id="classInfo">
```

```
        <所有班级>
            <班级信息  班号="0000101051" 所属专业编号="432" 所属系部编号
="01">
                <班级名称>软件 0501 班</班级名称>
                <班级人数>46</班级人数>
            </班级信息>
        </所有班级>
    </xml>
    <!-- 数据岛部分结束-->
    <!—其他 HTML 代码-->
</body>
</html>
```

可以将例 6.1 进行改写，让它变成使用外部调用数据岛的形式。

【例 6.2】 外部调用数据岛

文件 6.1.2.htm：

```
<html>
<head>
    <title>6.1.2 外部调用数据的数据岛</title>
</head>
<body>
    <!--数据岛部分开始-->
    <xml id="classInfo" src="6.1.2.xml">
    </xml>
    <!--数据岛部分结束-->
     <!—其他 HTML 代码-->
</body>
</html>
```

下面是使用到的外部 XML 文件。

文件 6.1.2.xml：

```
<?xml version="1.0" encoding="GB2312" ?>
<所有班级>
   <班级信息  班号="0000101051"  所属专业编号="432"  所属系部编号="01">
      <班级名称>软件 0501 班</班级名称>
      <班级人数>46</班级人数>
   </班级信息>
</所有班级>
```

6.2 数据岛数据显示

上述两个例子的网页文件在浏览器中打开的时候，浏览器并不会将数据岛中的任何数据进行显示，它们的显示结果会是一片空白，因为除了 XML 数据，并没有规定其他任何需要显示的内容。下面介绍在 HTML 中显示数据岛数据的方法。

案例 1　单条记录的显示

问题陈述：在 XML 文件 6.1.2.xml 中包含一个班级的信息，设计一个 HTML 文档，以数据岛的形式调用该 XML 文档，选用适当的方式显示该班级信息。

解决上述问题，需要完成下列任务。

任务 1：确定 HTML 文档中以数据岛的形式调用 XML 文档的方法。

任务 2：确定在 HTML 文档中显示单条记录的机制。

任务 3：创建 HTML 文档。

任务 4：查看显示结果。

任务 1　确定 HTML 文档中以数据岛的形式调用 XML 文档的方法

根据上节内容，可以在 HTML 文件中以外部数据岛的形式调用 XML 文档，其格式见文件 6.1.2.htm。

任务 2　确定在 HTML 文档中显示单条记录的机制

若想要直接从数据岛中取出数据进行显示，则必须通过具有数据绑定功能的 HTML 标记完成，那么，哪些 HTML 标记具有这种功能呢？这些 HTML 标记包括 span、div、button、select、a、img、frame、iframe、label、textarea、applet、marquee、table、input。

下面以<span>标记为例，说明如何通过<span>标记取得 XML 数据岛的数据，其他标记也可以使用同样的方式取得 XML 数据岛的数据（<table>标记除外，<table>在下一个案例中示范）。要取得 XML 数据岛的数据，主要通过两个属性完成，即“datasrc”与“datafld”属性，其意义分别如下。

datasrc 属性：指定欲取得数据的 XML 数据岛 ID。

datafld 属性：指定欲取得 XML 数据岛的那个标记或属性的名称。

语法如下：

```
<span datasrc="#XML 数据岛 ID"   datafld="某种标记或属性的名称"></span>
```

说明：

1）在指定引用的 XML 数据岛 ID 的时候，必须在前面使用“#”;

2）要取出的标记必须是直接含有文字的子标记，否则 SPAN 标记无法将文字存放到标记内。

例如，针对 6.1.2.htm 中定义的数据岛，因为其 ID 定义为“classInfo”，可用下列方式来获取<班级信息>标记中的属性“班号”，以及其子标记<班级名称>的值来显示：

```
<span datasrc="# classInfo " datafld="班号"></span>
<span   datasrc="# classInfo " datafld="班级名称"></span>
```

任务 3　创建 HTML 文档

第一步：利用 XML Spy 或记事本创建 XML 文件 6.1.2.xml，其内容如前所示。

第二步：在 XML Spy 或记事本中输入下列代码，并保存为 HTML 文件 6.2.1.htm。

文件 6.2.1.htm：

```
<html>
<head>
    <title>6.2.1 显示数据岛的单条记录</title>
</head>
<body>
    <xml id="classInfo" src="6.1.2.xml"/>
    班号:<span datasrc="#classInfo" datafld="班号"></span>
    <br>
    班级名称:<span   datasrc="#classInfo" datafld="班级名称"></span>
    <br>
    班级人数:<span   datasrc="#classInfo" datafld="班级人数"></span>
    <br>
    所属专业编号:<span   datasrc="#classInfo" datafld="所属专业编号"></span>
    <br>
    所属系部编号:<span   datasrc="#classInfo" datafld="所属系部编号"></span>
</body>
</html>
```

任务 4　查看显示结果

在 IE 浏览器中打开文件 6.2.1.htm，显示结果如图 6-1 所示。

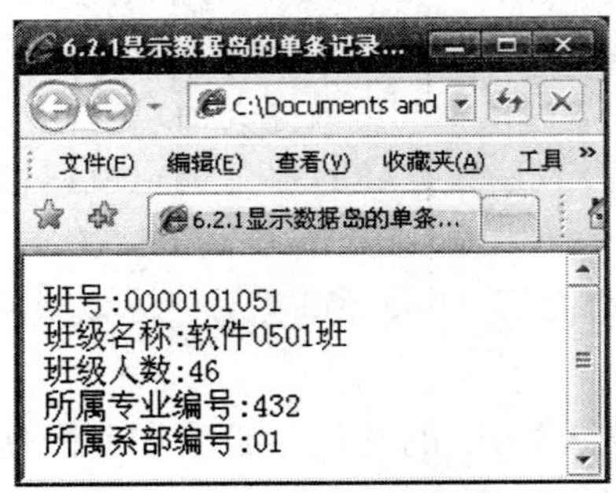

图 6-1　数据岛中单条记录的显示

说明：只有一条记录的数据岛数据的显示方法是显示多条记录数据岛数据的基础，案例 1 通过 HTML 对象使用 datasrc 属性来指定绑定的数据岛 ID，然后使用 datafld 属性来指定具体绑定的字段（属性或子标记），并且数据岛对应的 XML 文件 6.1.2.xml 中的“班级信息”元素仅有一个，如果仅用 span、div、label 等 HTML 标记，就算 XML 文件中有多个“班级信息”元素，也只会显示第一个元素的数据。案例 2 介绍显示多条数据的方法。

案例 2　利用 Table 显示多条数据

问题陈述：针对下面的 XML 文件 6.2.2.xml，设计一个 HTML 文档，以数据岛的形式调用该 XML 文档，选用适当的方式显示所有班级信息。

文件 6.2.2.xml:

```
<?xml version="1.0" encoding="GB2312" ?>
<所有班级>
  <班级信息 班号="0000101051" 所属专业编号="432" 所属系部编号="01">
    <班级名称>软件 0501 班</班级名称>
    <班级人数>46</班级人数>
  </班级信息>
  <班级信息 班号="0000101052" 所属专业编号="432" 所属系部编号="01">
    <班级名称>软件 0502 班</班级名称>
    <班级人数>43</班级人数>
  </班级信息>
  <班级信息 班号="0000102051" 所属专业编号="435" 所属系部编号="01">
    <班级名称>网络 0501 班</班级名称>
    <班级人数>55</班级人数>
  </班级信息>
</所有班级>
```

解决上述问题，需要完成下列任务。

任务 1：确定 HTML 文档中以数据岛的形式调用 XML 文档的方法。

任务 2：确定在 HTML 文档中显示多条记录的机制。

任务 3：创建 HTML 文档。

任务 4：查看显示结果。

任务 1　确定 HTML 文档中以数据岛的形式调用 XML 文档的方法

第一步：利用 XML Spy 或记事本创建 XML 文档 6.2.2.xml。

第二步：利用 XML Spy 或记事本创建 HTML 文档 6.2.2.htm，在其中添加标记<xml>，以外部数据岛的形式调用 XML 文档，其代码如下。

文件 6.2.2.htm：

```
<html>
<head>
    <title>6.2.2 显示数据岛的多条记录</title>
</head>
```

```
<body>
    <xml id="classInfo" src="6.2.2.xml"/>
</body>
</html>
```

任务 2　确定在 HTML 文档中显示多条记录的机制

可以使用表格来显示多条记录，这是显示多条记录的一种快捷而又简单的方式。通过 table 显示数据岛数据的时候，指定 table 标记的属性 DATASRC 的值为需要显示的数据岛的 ID，然后在表格单元中嵌入<span>标记，指明它的 DATAFLD 属性的值为需要绑定的数据岛的具体字段名称即可。语法如下：

```
<table datasrc="#XML 数据岛 ID">
<tr>
  <td><span datafld="该行的某一个字段名称（即 XML 属性或子标记名）"></span></td>
  <td><span datafld="该行的某一个字段名称（即 XML 属性或子标记名）"></span></td>
  …
</tr>
</table>
```

说明：

1）在<table>标记中指定引用的 XML 数据岛 ID 的时候，必须在前面使用“#”；

2）<span>这种标记只能显示单条数据的 HTML 标记，必须嵌入在<td>之中。

在任务 1 中已创建文件 6.2.2.htm，它定义了数据岛引用包含了多条记录的 XML 文件 6.2.2.xml，可以在 HTML 文件 6.2.2.htm 中添加代码来显示数据岛中的多条记录，修改后的 HTML 文件如下。

修改后的文件 6.2.2.htm：

```
<html>
<head>
    <title>6.2.2 显示数据岛的多条记录</title>
</head>
<body>
    <xml id="classInfo" src="6.2.2.xml"/>
    <table border="1" datasrc="#classInfo">
      <!--使用 thead 确保第一行表头只显示一次-->
      <thead>
       <tr>
        <td>班号</td>
        <td>班级名称</td>
        <td>班级人数</td>
        <td>所属专业编号</td>
```

```
        <td>所属系部编号</td>
       </tr>
      </thead>
      <!--将数据岛中的每条记录用表行显示-->
      <tr>
       <!--将数据岛中的 XML 元素或属性绑定到各个表项中-->
       <td><span datafld="班号"></span></td>
       <td><span datafld="班级名称"></span></td>
       <td><span datafld="班级人数"></span></td>
       <td><span datafld="所属专业编号"></span></td>
       <td><span datafld="所属系部编号"></span></td>
      </tr>
    </table>
  </body>
  </html>
```

说明：这里在表格的表头，即表格的第一行，为了说明每一列的性质时用到了<thead>标记，这是告诉浏览器包含在<thead></thead>中的行只显示一次，如果不使用<thead>标记，则班号、班级名称、班级人数、所属专业编号、所属系部编号这一行会随着每条记录都显示一遍，这不是想要的结果。

任务 3　创建 HTML 文档

在 XML Spy 或记事本中，按照任务 2 给出的代码，修改文件 6.2.2.htm，然后保存。

任务 4　查看显示结果

在浏览器中打开 HTML 文件 6.2.2.htm，显示结果如图 6-2 所示。

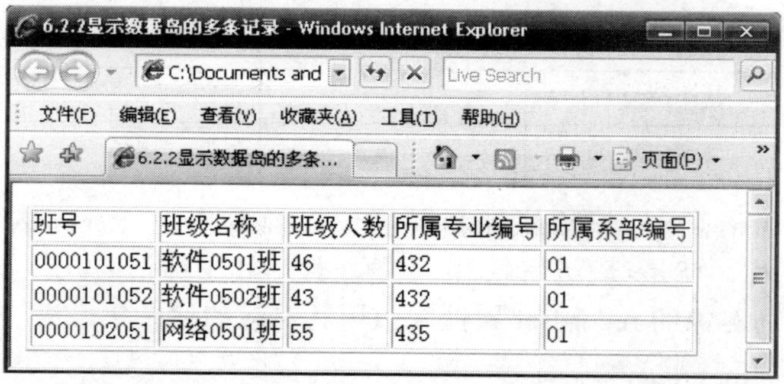

班号	班级名称	班级人数	所属专业编号	所属系部编号
0000101051	软件0501班	46	432	01
0000101052	软件0502班	43	432	01
0000102051	网络0501班	55	435	01

图 6-2　数据岛中多条记录的显示

说明：如果记录有多个并且是多个层次，则可以通过在 table 标记里面再嵌套 table 标记的方式来实现这种多层次的显示。

案例 3　用 Recordset 的函数来浏览 XML 数据岛

问题陈述：针对案例 2 中的 XML 文件 6.2.2.xml，设计一个 HTML 文档，以数据岛的形式调用该 XML 文档，选用适当的方式逐条显示所有班级信息。

解决上述问题，需要完成下列任务。

任务 1：确定 HTML 文档中以数据岛的形式调用 XML 文档的方法。

任务 2：确定在 HTML 文档中逐条显示记录的机制。

任务 3：创建 HTML 文档。

任务 4：查看显示结果。

任务 1 确定 HTML 文档中以数据岛的形式调用 XML 文档的方法

与案例 2 一样，以外部数据岛的形式调用 XML 文档。利用 XML Spy 或记事本创建 HTML 文件 6.2.3.htm，输入下列代码。

文件 6.2.3.htm：

```
<html>
<head>
    <title>6.2.3 逐条显示数据岛的记录</title>
</head>
<body>
    <xml id="classInfo" src="6.2.2.xml"/>
</body>
</html>
```

任务 2 确定在 HTML 文档中逐条显示记录的机制

在 HTML 中，可以将 XML 数据岛内的 XML 数据视为一个 ADO Recordset，对于 HTML 文件 6.2.3.htm 中的数据岛，可以把它看成是如下 Recordset。

班　　号	班 级 名 称	班 级 人 数	所属专业编号	所属系部编号
0000101051	软件 0501 班	46	432	01
0000101052	软件 0502 班	43	432	01
0000102051	网络 0501 班	55	435	01

将每一个<班级信息>标记的属性和子标记内容看作是 Recordset 的一行数据，而 Recordset 字段的名称，就是<班级信息>标记的属性名和子标记名。

可以通过数据岛对象的 recordset 属性来引用其对应的记录集，语法如下：

```
DateIslandName.recordset
```

其中，DateIslandName 是 XML 数据岛 ID。例如，引用 HTML 文件 6.2.3.htm 中定义的数据岛对应数据集的方法如下：

```
classInfo.recordset
```

既然可以将 XML 数据岛以 ADO Recordset 方式显示，那么所有 Recordset 函数就可以用来浏览或访问 XML 数据岛的数据，其常用的函数如表 6-1 所示。

表 6-1 常用的 Recordset 函数

函数	功能
movenext	移到下一条记录
moveprevious	移到上一条记录
movefirst	移到第一条记录
movelast	移到最后一条记录

Recordset 对象还有许多属性，对遍历记录集是有用处的，常用的属性如表 6-2 所示。

表 6-2 Recordset 对象常用的属性

属性	说明
absoluteposition	设置或读取当前记录集中的位置序号
BOF	表示当前位置是否在记录集中的第一条记录之前
EOF	表示当前位置是否在记录集中的最后一条记录之后
recordcount	获取一个记录集中的记录总数

下面具体实现记录的逐条显示。

第一步：添加<span>标记用来显示单条记录，在 HTML 文件 6.2.3.htm 中添加如下代码。

```
<h1>班级信息</h1>
班号:<span datasrc="#classInfo" datafld="班号"></span><br />
班级名称:<span datasrc="#classInfo" datafld="班级名称"></span><br />
班级人数:<span datasrc="#classInfo" datafld="班级人数"></span><br />
所属专业编号:<span datasrc="#classInfo" datafld="所属专业编号"></span><br />
所属系部编号:<span datasrc="#classInfo" datafld="所属系部编号"></span><br />
```

第二步：添加两个<span>标记用来显示记录总条数，以及当前记录号。在 HTML 文件 6.2.3.htm 中添加如下代码。

```
共<span id="TotalRecords"></span>条,第<span id="RecordNo">1</span>条<br />
```

第三步：添加 4 个按钮，分别用来查看上一条记录、下一条记录、第一条记录、最后一条记录。在 HTML 文件 6.2.3.htm 中添加下列代码。

```
<input type="button" name="btnPrevious" value="上一条记录"
    onclick="btnPrevious_onClick()"/>
<input type="button" name="btnNext" value="下一条记录"
    onclick="btnNext_onClick()"/>
<input type="button" name="btnFirst" value="第一条记录"
    onclick="btnFirst_onClick()" />
<input type="button" name="btnLast" value="最后一条记录"
    onclick="btnLast_onClick()"/>
```

第四步：给相应按钮添加事件处理程序。

1）“上一条记录”按钮单击事件的处理程序如下：

```
function btnPrevious_onClick(){
    if (classInfo.recordset.absoluteposition!=1) {
        classInfo.recordset.moveprevious;
        RecordNo.innerText=classInfo.recordset.absoluteposition;
    }
}
```

上面程序首先判断当前记录是否是第一条记录，如果不是，则使用 moveprevious 函数来实现当前记录的向上迁移，并显示移动指针后的当前记录序号，其中 RecordNo.innerText 的作用是显示当前记录序号，absolutepostion 表示当前记录的指针位置。

2）“下一条记录”按钮单击事件的处理程序如下：

```
function btnNext_onClick(){
    if (classInfo.recordset.absoluteposition!=classInfo.recordset.recordcount) {
 classInfo.recordset.movenext;
    RecordNo.innerText=classInfo.recordset.absoluteposition;
}
}
```

上面程序中的属性 recordcount 代表记录集中所有记录的数目，这里可以使用该属性来判断当前记录是否为最后一条记录，如果不是最后一条记录，则利用 movenext 函数下移记录指针，并显示移动后的当前记录序号。

3）“第一条记录”按钮单击事件的处理程序如下：

```
function btnFirst_onClick(){
    classInfo.recordset.movefirst;
    RecordNo.innerText=1;
}
```

上面程序利用 movefirst 函数直接将记录指针移到第 1 条记录，并显示移动后的当前记录序号。

4）“最后一条记录”按钮单击事件的处理程序如下：

```
function btnLast_onClick()   {
      classInfo.recordset.moveLast;
      RecordNo.innerText=classInfo.recordset.recordcount;
}
```

上面程序利用 movelast 函数直接将记录指针移到最后 1 条记录，并显示移动后的当前记录序号。

第五步：给 body 添加 onload 事件处理程序。

在加载页面时，显示当前记录集中共有多少条记录，通过下列代码实现：

```
function page_onload() {
```

```
    TotalRecords.innerText=classInfo.recordset.recordcount;
}
```

上面程序中的 RecordNo.innerText 的作用是显示当前记录集中的记录总数。

完整的 6.2.3.htm 文件如下：

```
<html>
<head>
    <title>6.2.3 逐条显示数据岛的记录</title>
    <script language="javascript">
        function btnPrevious_onClick() {
            …（此处加“上一条记录”按钮单击事件处理程序）
        }
        function btnNext_onClick(){
            …（此处加“下一条记录”按钮单击事件处理程序）
        }
        function btnFirst_onClick(){
            …（此处加“第一条记录”按钮单击事件处理程序）
        }
        function btnLast_onClick(){
…（此处加“最后一条记录”按钮单击事件处理程序）
    }
        function page_onload(){
            TotalRecords.innerText=classInfo.recordset.recordcount;
        }
    </script>
</head>
<body onload="page_onload()">
    <xml id="classInfo" src="6.2.2.xml"/>
    <h1>班级信息</h1>
    班号:<span datasrc="#classInfo" datafld="班号"></span><br />
    班级名称:<span datasrc="#classInfo" datafld="班级名称"></span><br />
    班级人数:<span datasrc="#classInfo" datafld="班级人数"></span><br />
    所属专业编号:<span datasrc="#classInfo" datafld="所属专业编号"></span><br />
    所属系部编号:<span datasrc="#classInfo" datafld="所属系部编号"></span><br />
    共<span id="TotalRecords"></span>条,第<span id="RecordNo">1</span>条<br />
    <input type="button" name="btnPrevious" value="上一条记录"
        onclick="btnPrevious_onClick()"/>
    <input type="button" name="btnNext" value="下一条记录"
        onclick="btnNext_onClick()"/>
```

```
        <input type="button" name="btnFirst" value="第一条记录"
            onclick="btnFirst_onClick()" />
        <input type="button" name="btnLast" value="最后一条记录"
            onclick="btnLast_onClick()"/>
</body>
</html>
```

任务 3　创建 HTML 文档

在 XML Spy 或记事本中，按照任务 2 给出的代码，修改文件 6.2.3.htm，然后保存。

任务 4　查看显示结果

在浏览器中打开 HTML 文件 6.2.3.htm，显示结果如图 6-3 所示。

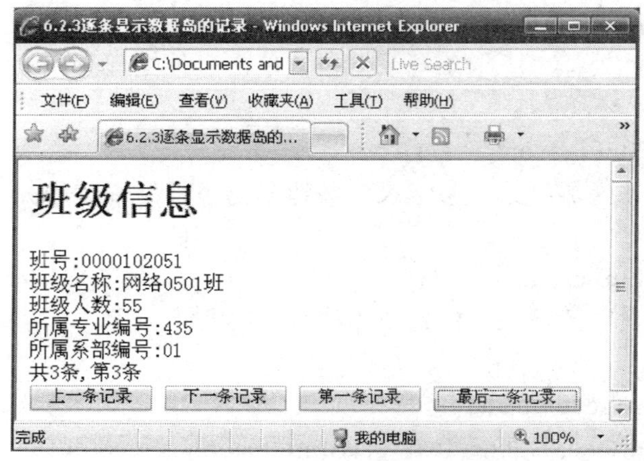

图 6-3　逐条显示数据岛记录

案例 4　分页显示数据岛数据

问题陈述：当数据岛中包含的记录条数很多，在一个表格中无法显示完所有记录时，需要实现数据的分页显示。针对案例 2 中的 XML 文件 6.2.2.xml，设计一个 HTML 文档，以数据岛的形式调用该 XML 文档，选用适当的方式分页显示所有班级信息。

解决上述问题，需要完成下列任务。

任务 1：确定 HTML 文档中以数据岛的形式调用 XML 文档的方法。

任务 2：确定在 HTML 文档中分页显示记录的机制。

任务 3：创建 HTML 文档。

任务 4：查看显示结果。

任务 1　确定 HTML 文档中以数据岛的形式调用 XML 文档的方法

与本章案例 2 一样，以外部数据岛的形式调用 XML 文档。利用 XML Spy 或记事本创建 HTML 文件 6.2.4.htm，输入下列代码。

文件 6.2.4.htm：

```
<html>
<head>
    <title>6.2.4 分页显示数据岛的记录</title>
</head>
<body>
    <xml id="classInfo" src="6.2.2.xml"/>
</body>
</html>
```

任务 2　确定在 HTML 文档中分页显示数据岛记录的机制

在本章案例 2 中，使用 Table 对象与数据岛的绑定实现了显示数据岛的多条记录。在本章案例 3 中，使用 Recordset 对象的方法实现了逐条显示数据岛记录。实际上，联合利用 Table 对象和 Recordset 对象可以实现数据岛记录的分页显示。

利用 Table 对象来分页显示记录，可以通过指定<table>标记的 DATAPAGESIZE 对象来设置页长。具体语法如下：

```
<table id="TABLE 对象 ID"  datasrc="#XML 数据岛 ID" datapagesize="页长">…
</table>
```

也可在脚本中，通过下列方式来设置或获取当前 Table 对象的页长：

```
TableObject.dataPageSize
```

其中，TableObject 是 Table 对象的 ID。

同时，利用 Table 对象的函数来实现数据的翻页显示，如表 6-3 所示。

表 6-3　Table 对象的函数

函　数	功　能
nextPage	在表格中显示下一页数据
previousPage()	在表格中显示上一页数据

为了实现数据的分页显示，还需对 Table 对象绑定的 Recordset 对象进行分页，保证显示的页面与记录集的当前页一致。为此，还需使用 Recordset 的属性，如表 6-4 所示。

表 6-4　Recordset 对象的属性

属　性	功　能
PageSize	设置或获取 Recordset 对象的页长
PageCount	获取 Recordset 对象的总页数
AbsolutePage	设置或获取当前记录所在的页

下面具体实现分页显示数据岛记录。

第一步：添加<Table>标记来显示数据岛中的记录。在 6.2.4.htm 中添加如下代码。

```
<table id="datatable" align="center" border="1" dataSrc="#classInfo" dataPageSize="2">
  <thead>
   <tr>
```

```
        <td align="center" width="120">班号</td>
        <td align="center" width="120">班级名称</td>
        <td align="center" width="120">班级人数</td>
        <td align="center" width="120">所属专业编号</td>
        <td align="center" width="120">所属系部编号</td>
      </tr>
    </thead>
    <tr>
      <td align="center"><span datafld="班号"></span></td>
      <td align="center"><span datafld="班级名称"></span></td>
      <td align="center"><span datafld="班级人数"></span></td>
      <td align="center"><span datafld="所属专业编号"></span></td>
      <td align="center"><span datafld="所属系部编号"></span></td>
    </tr>
  </table>
```

与本章案例 2 类似，通过指定 Table 标记的属性 DATASRC 的值为需要显示的数据岛的 ID，然后在表格单元中嵌入<span>标记，指明它的 DATAFLD 属性的值为需要绑定的数据岛的具体字段名称。同时，此处通过指定 Table 标记的 DATAPAGESIZE 属性来指定每页页长为 2，即每页显示两条记录。

第二步：添加一个 Span 对象，用来显示页面控制按钮。在 6.2.4.htm 中添加如下代码。

```
<span    id="bpage"></span>
```

第三步：定义全局变量。在 6.2.4.htm 中添加如下脚本程序。

```
<script language="javascript">
//定义全局变量
var dataisland;//用来表示数据岛对象
var rs;//用来表示数据岛对应的 Recordset 对象
var datatable; //用来表示数据岛 Table 对象
var datapagesize;//用于保存数据页长度
var datapagecount;//用于保存总页面数
</script>
```

第四步：对全局变量进行初始化。在 6.2.4.htm 中添加如下脚本程序。

```
//对全局变量进行初始化
function init(){
  dataisland = document.all['classInfo']; //创建数据岛对象
  rs = dataisland.recordset; //创建 Recordset 对象
  datatable = document.all['datatable']; //创建 Table 对象
  datapagesize = datatable.dataPageSize; //获取 Table 页面长度
```

```
    rs.PageSize = datapagesize; //定义 Recordset 页面长度
    datapagecount = rs.PageCount; //计算总页面数
  }
```

上面程序利用 document 对象的 all 属性获取 HTML 文件中的数据岛对象“classInfo”和 Table 对象“datatable”。通过数据岛的 Recordset 属性创建数据岛对应的 Recordset 对象 rs。然后获取 Table 对象的页长，并将 Recordset 对象的页长设置成为与 Table 对象相同的页长，最后计算得到数据的总页面数。

第五步：下面脚本程序根据总页面数据显示页面控制按钮，这些按钮用数字显示页号，通过单击这些页号，将显示对应页记录。在 6.2.4.htm 中添加如下脚本程序。

```
//显示页面控制按钮
function display() {
  var strList="";
  for (var i=1; i<=datapagecount; i++) {
    strList += '[<a href="javascript:showCurrentPage(' + i + '); " class="page">';
    strList += (rs.AbsolutePage!=i) ? i : '<b>' + i + '</b>' ;
    strList += '</a>] ';
  }
  bpage.innerHTML = strList;
}
```

第六步：下面脚本程序根据选定的页号，显示该页对应的记录。在 6.2.4.htm 中添加如下脚本程序。

```
//在表格中显示指定页面数据，参数 selectPage 表示选定的页号
function showCurrentPage(selectPage){
  var dataabsolutepage = rs.AbsolutePage; //当前页号
  while (dataabsolutepage!=selectPage) {
    if (dataabsolutepage<selectPage) {
      rs.AbsolutePage ++;
      datatable.nextPage();
    }
    else {
      rs.AbsolutePage --;
      datatable.previousPage();
    }
    dataabsolutepage = rs.AbsolutePage;
  }
  display();
}
```

上面程序首先获取记录集的当前页号，当不等于选定的页号时，比较当前页号与选定页号的大小，如果当前页号小于选定的页号时，记录和表同时向后翻页；否则，记录和表同时向前翻页，直到当前页号与选定的页号相等为止。此时 TABLE 中显示的数据就是选定页的数据。

第七步：给 body 添加 onload 事件处理程序。

在加载页面时，必须显示页面控制按钮，通过下列代码实现。

```
<body onload="init();display();">
```

上面程序在 body 的 onload 事件处理程序中调用前面创建的函数 init()初始化全局变量，然后调用 display()函数显示页面控制按钮。

完整的 HTML 文件如下：

```
<html>
<head>
   <title>6.2.4 分页显示数据岛记录</title>
   <script language="javascript">
     //定义全局变量
     var dataisland;//用来表示数据岛对象
     var rs;//用来表示数据岛对应的 Recordset 对象
     var datatable; //用来表示数据岛 TABLE 对象
     var datapagesize;//用于保存数据页长度
     var datapagecount;//用于保存总页面数
     //对全局变量进行初始化
     function init(){
        …（此处加对全局变量进行初始化的代码）
     }
     //显示页面控制按钮
     function display() {
              …（此处加显示页面控制按钮的代码）
     }
     //在表格中显示指定页面数据
     function showCurrentPage(selectPage){
        …（此处加根据选择页号，显示指定页面的代码）
     }
   </script>
</head>
<body onload="init();display();">
   <!--数据岛-->
   <XML id="classInfo" src="6.2.2.xml"></XML>
   <!--显示页面-->
```

```
    <div align="center">
      <h1>班级信息</h1>
      <table id="datatable" align="center" border="1"
              dataSrc="#classInfo" dataPageSize="2">
        …（此处加表格内部定义，参照前面内容）
      </table>
      <br><span   id="bpage"></span>
    </div>
</body>
</html>
```

任务 3　创建 HTML 文档

在 XML Spy 或记事本中，按照任务 2 给出的代码，修改文件 6.2.4.htm，然后保存。

任务 4　查看显示结果

在浏览器中打开 HTML 文件 6.2.4.htm，显示结果如图 6-4 所示。

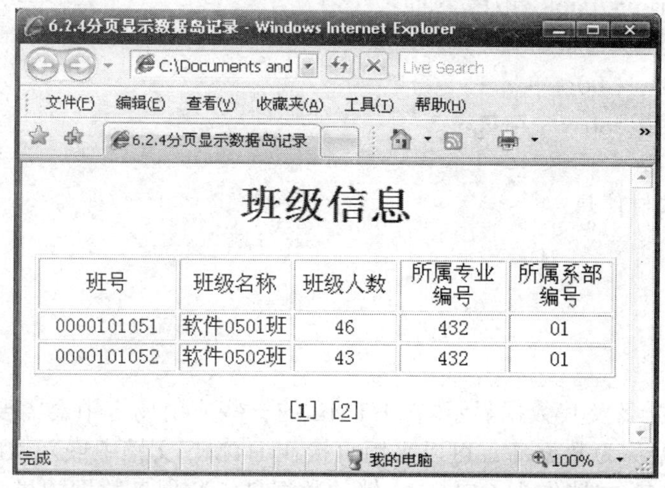

图 6-4　分页显示数据岛记录

6.3　该你动手了

问题陈述：针对下面的 XML 文件，分别设计 HTML 文件，用来显示所有教材信息，及逐条显示教材信息。

```
<?xml version="1.0" encoding="UTF-8"?>
<所有教材>
    <教材信息  ISBN="978-7-5308-4474-8">
        <教材名称>SQL Server 2000 数据库技术及应用</教材名称>
```

```
        <作者>王亚楠 张志平</作者>
        <出版社>天津科学技术出版社</出版社>
        <版次>2008 年 2 月第 1 版</版次>
        <内容简介>本书根据...</内容简介>
        <封面>pic/book1.jpg</封面>
        <类别>规划教材</类别>
        <单价>32.00</单价>
        <库存量>100</库存量>
    </教材信息>
    <教材信息 ISBN="978-7-5618-2646-1">
        <教材名称>动态网页制作实例教程</教材名称>
        <作者>丁桂芝</作者>
        <出版社>天津大学出版社</出版社>
        <版次>2008 年 4 月第 1 版</版次>
        <内容简介>能够将多种工具...</内容简介>
        <封面>pic/book2.jpg</封面>
        <类别>规划教材</类别>
        <单价>41.00</单价>
        <库存量>80</库存量>
    </教材信息>
    <!--其他教材信息-->
</所有教材>
```

6.4 小结

本章介绍了数据岛及其数据显示。在 HTML 的一些应用场合中会需要使用 XML 数据，此时这些 XML 数据称为数据岛。可以采用直接在 HTML 文档中嵌入 XML 数据的方式，也可以指定外部 XML 文档作为 HTML 文档的数据岛。数据岛数据的显示主要通过数据绑定的方法将数据与 HTML 对象绑定，实现数据的显示。

6.5 习题

一、选择题

1. 数据岛的数据属于______类型。

   A. 文本　　B. XML　　C. 二进制　　D. HTML

2. 下列说法错误的是______。

   A. XML 文档可以作为放置数据的类似数据库的方式存在

B．数据岛可以实现 XML 与 HTML 的结合

C．可以将一个数据岛指定为一个 TABLE、DIV 或者 SPAN 的数据源

D．<xml>元素是数据岛的根元素

二、填空题

1．数据岛通过两种方式实现：第一种是________________________________，第二种是____________________。

2．数据绑定就是将数据岛中的______________作为 HTML 对象的__________。

3．虽然数据岛是放在 HTML 页面中，但是它本身还是必须是一个_________文档，因此它也有文档的根，与之相对应的就是___________标记或者是数据岛的名称，文档的根下面就是_____________，即位于 XML 标记的下一级元素。

三、思考题

1．什么是数据岛？

2．指出数据岛的具体结构。

第 7 章　使用 DOM 管理 XML 文档

本章将介绍以下内容：

1. 利用 DOM 验证 XML 文档的有效性
2. 利用 DOM 遍历 XML 文档
3. 利用 DOM 修改 XML 文档

7.1　DOM 概述

7.1.1　DOM 简介

文档对象模型（Document Object Model，DOM）是 W3C 为了方便程序开发人员操作 XML 文档而提出的一系列应用程序接口（API）。DOM 将 XML 文档视为由对象组成，每个对象具有 DOM 接口提供的方法和属性。通过文档对象模型，应用程序开发人员可以新建文档，遍历文档，增加、修改和删除文档中的元素和内容。

W3C 力求为 DOM 提供一种独立于语言和平台的定义，它定义了组成 DOM 的对象，提供标准的编程接口，却不提供特定的实现，这些定义和接口可以通用于各种语言、操作系统和应用程序。本章主要介绍 DOM 对象与脚本语言一起使用，实现 XML 文档的有效性验证、XML 文档的访问和修改。

7.1.2　DOM 结构树

使用 DOM 对 XML 文件进行解析时，DOM 解析器首先把 XML 文件转换为 DOM 树，树结构的基本构建模块是节点。其中将整个 XML 文档映射为 DOM 树的根节点，称为 Document 节点；然后按照层次关系将 XML 文档的组成元素（包括元素、属性、文本、CDATA 段、注释、文档类型声明、实体等）分别映射为 Document 节点的子节点。

【例 7.1】 XML 文件 7.1.1.xml。

```
<?xml version="1.0" encoding="GB2312" ?>
<所有班级>
  <班级信息 班号="0000101051">
    <班级名称>软件 0501 班</班级名称>
    <班级人数>46</班级人数>
```

```
    </班级信息>
    <!--其他班级信息-->
</所有班级>
```

DOM 解析器会首先把下面的 XML 文件转换为如图 7-1 所示的 DOM 树。根元素<所有班级>是 Document 节点的子节点。该节点下面包含一个元素子节点<班级信息>和一个注释节点。<班级信息>节点下面又包含两个元素子节点<班级名称>和<班级人数>，以及一个用于保存班号信息的属性节点。在节点<班级名称>和<班级人数>下面，又分别包含用于描述相应信息的文本节点。

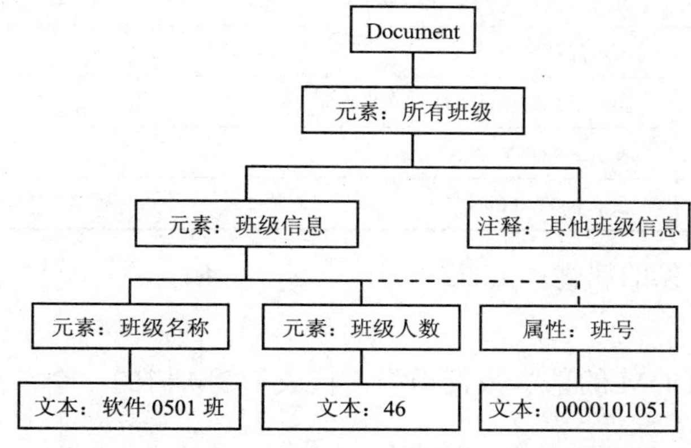

图 7-1 文件 7.1.1.xml 对应的 DOM 树

7.1.3 DOM 对象架构

在 DOM 中，所有节点都是以对象模型的形式表示的，这些模型不仅描述了文档的结构，还定义了模型中对象的属性和行为。DOM 是一组对象的集合，通过这些对象来访问 XML 文件的内容，达到想要的任何功能。DOM 中的主要对象如表 7-1 和表 7-2 所示。

表 7-1 DOM 对象

DOM 对象	说明
Node 对象	表示 XML 文档中的节点，节点可以是任意类型，包括元素、属性、注释、文本或 XML 文档中存储的任何其他信息
NodeList 对象	表示 Node 对象列表，它是由一些节点所组成的集合，可以通过索引方式，获取其中的单一节点
NamedNodeMap 对象	表示可以通过名称或索引访问的节点的集合
ParseError 对象	解析对象，可以用来验证 XML 文档的有效性

表 7-2 Node 对象

Node 类型	说明
Document 对象	表示文档对象，包含了 XML 文档中的所有信息。它是对整个文档进行访问和操作的入口
DocumentFragment 对象	文档片断

续表

Node 类 型	说 明
DocumentType	包含文档的文档类型声明或模式信息，等价于<!DOCTYPE>节点
EntityReference 对象	代表 XML 文档中的实体引用节点
Element 对象	表示节点树中的元素，此对象提供了访问和操作节点树中元素节点的方法
Attr 对象	表示节点树中的属性
Text 对象	表示节点树中 XML 元素或属性的文本
ProcessingInstruction 对象	表示节点树中的处理指令节点
Comment 对象	表示注释节点
CDATASection 对象	表示节点树中的 CDATA 节点
Entity 对象	表示 ENTITY 节点
Notation 对象	表示 NOTATION 节点

下面介绍常用对象的属性和方法。

1．Node 对象

Node 对象作为 DOM 的基本数据类型，代表 DOM 树的一个节点。Node 对象具有下列常用属性：

1）nodeName：返回节点名称，对于元素、属性和实体，它是节点限定名称；对于其他类型，返回一个混合字符串。

2）nodeValue：返回节点值，对于属性、注释、CDATA 节、文本节点和 PI，返回节点的文本内容；对于其他类型，特别是元素节点，返回 null。

3）nodeType：返回节点类型，代表本节点类型的代码。

4）parentNode：返回当前节点的父节点。

5）childNodes：是一个 NodeList 对象，表示当前节点的直接子节点的列表。

6）firstChild：如果有，代表本节点的第一个子节点，否则为 null。

7）lastChild：如果有，代表本节点的最后一个子节点，否则为 null。

8）nextSibling：如果有，代表本节点的后一个兄弟节点。

9）previousSibling：如果有，代表本节点的前一个兄弟节点。

10）attributes：是一个 NamedNodeMap 对象，包含了本节点所有的属性。

11）ownerDocument：获取文档的根对象。

12）text：获取或设置当前节点及其所有后代节点的文本部分的内容。

13）xml：获取节点及所有后代节点的标识部分的内容。

14）namespaceURI：获取该节点的命名空间 URI。

Node 对象具有下列常用方法。

1）appendChild(newChild)：将 newChild 节点追加到 childNodes 集合最后。

2）cloneNode(deep)：复制当前节点，若 deep 为 true，则连同节点的所用子节点树一起复制，若为 false，则只复制节点本身。

3）hasChildNodes()：若当前节点有子节点，则返回 true，否则返回 false。

4）insertBefore(newNode,refNode)：将 newnode 插入到 refnode 之前，newnode 为 refnode 的左兄弟节点。

5）removeChild(child)：删除 child 节点。

6）repalceChild(newChild,oldChild)：用 newchild 代替 oldchild 节点。

7）selectNodes(pattern)：返回满足 XPATH 模式 pattern 的所有节点的一个列表。

8）selectSingleNode(pattern)：返回满足 XPATH 模式 pattern 的第一个节点。

2．NodeList 对象

NodeList 对象提供了用于表示 XML 文档中节点的列表，每一个节点可以使用从 0 开始的下标来访问。

NodeList 对象的常用属性是 length，它表示列表中的元素个数；它的常用方法是 item (index)，指返回列表中第 index 个元素。

3．NamedNodeMap 对象

NamedNodeMap 对象表示可以通过名称或索引访问的节点的集合。

NamedNodeMap 对象的常用属性是 length，表示列表中元素的个数；它的常用方法是 getNamedItem (name)，指获取具有指定名称的节点对象。

4．ParseError 对象

ParseError 对象返回最近解析错误的信息，它具有下列属性。

1）errorCode：返回错误代码。如果在 XML 文档中没有错误，则此值为 0。

2）reason：返回表示错误原因的字符串。

3）line：返回出错的行号。

4）linePos：返回出错行的第几个字符。

5）srcText：返回引起错误的行的文本字符串。

6）url：返回最后出现错误的 XML 文件的 URL。

7）filepos：返回错误在文件中的绝对位置。

5．Document 对象

Document 对象代表了整个文档，它是 DOM 树的根，提供了对整个文档的数据的访问。

它除了具有 Node 对象的属性外，还具有下列常用属性。

1）async：设置是否允许异步下载 XML 文档。一般情况下应将此属性设置为 false，确保只有当 XML 文档被加载完成时再继续执行后续代码，以减少执行错误。

2）readyState：获取加载 XML 文档的状态。值等于 4 时表示已加载完成，其他值（1～3）表示尚未加载完成。

3）documentElement：获取文档的根元素。

4）parseError：获取解析 XML 文档时发生的错误。

5）validateOnParse：设置解析器是否在解析时校验 XML 文档。

它除了具有 Node 对象的方法外，还具有下列常用方法。

1）createElement(name)：创建一个名字为 name 的元素。

2）createAttribute(name)：创建一个名字为 name 的属性。

3）createComment(data)：创建一个内容为 data 的注释。

4）createCDATASection(data)：创建一个节点值为 data 的 CDATA 片段。

5）createProcessingInstruction(target,data)：创建一个处理指令节点，其中 target 为处理指令的目标，data 为处理指令数据。

6）createTextNode(text)：创建一个文本节点。

7）createNode(type,name,namespace,URL)：创建一个类型为 type、值为 name 的由命名空间限制的节点。

8）load(URL)：装入并解析由 url 指定的文档。

9）loadXML(stringDoc)：将 stringDoc 表示的字符串作为一个 XML 文档装入并解析。

10）getElementsByTagName(name)：返回名字为 name 的所有元素的列表，若 name 为*，则返回所有元素。

11）getElementsByTagNameNS(namespaceURI,localName)：根据指定的命名空间和本地名称返回指定的元素。

12）save(destination)：保存 XML 文档。

6．Element 对象

Element 对象代表文档中的元素，节点的文本内容保存在 Text 子节点中。Element 节点的 nodeValue 总是为空。

它除了具有 Node 对象的属性外，还具有 tagName 属性，它返回已选元素的标记名。

它除了具有 Node 对象的方法外，还具有下列常用方法。

1）getAttribute(name)：检索获得代表具有名字 name 的属性的值的串。

2）setAttribute(name,value)：增加一个新的名为 name，值为 value 的属性，如果属性名存在，则它的值被修改为 value 值。

3）removeAttribute(name)：删除名为 name 的属性。

4）getAttributeNode(name)：检索获得代表具有名字 name 的属性的值的节点。

5）setAttributeNode(newAttr)：将一个属性节点 newAttr 增加到属性列表中，如果同名节点存在，它将被新节点取代。

6）removeAttributeNode(oldAttr)：将一个属性节点 oldAttr 从属性列表中删除。

7）getElementsByTagName(name)：返回一个 NodeList，具有指定标记名称的元素，若 name 为*，则返回所有元素。

8）getElementsByTagNameNS(namespaceURI,localName)：根据指定的命名空间和本地名称返回指定的元素。

9）normalize()：将指定元素的文本节点及其子节点放到一个文本节点中，无返回值。

7. Attr对象

Attr表示Element对象的属性，从Node派生，但不是真正意义上的Element的子节点，DOM不认为它们是文档树的一部分，所以parentNode、previousSibling和nextSibling属性为null。它具有以下常用属性。

1）name：属性名。

2）value：属性值的串形式。

8. Text对象

Text对象代表了一个Element或者一个Attr的文本内容。如果内容中没有标记，则text只是一个单节点，否则，它将解释内容为子系列的Element和文本节点。

它具有下列常用方法。

splitText(offset)：从指定的字符偏移位置将本节点分为两个独立的节点，然后将新节点作为本节点的兄弟节点，插入本节点之后，返回新节点。

9. Comment对象

代表了注释包含所有在“<!--”和“-->”之间的字符。

7.2 使用DOM验证XML文档的有效性

在应用程序接收到一个XML文档后，首先要验证该XML文档的有效性，然后才能从该XML中获取需要的信息。在第2章和第3章中使用XML Spy工具实现了根据DTD或XML Schema来验证XML文档有效性，但是在实际应用中必须自己编写程序来验证XML文档的有效性。本节主要介绍如何使用DOM技术来验证XML文档的有效性。

案例1 使用DOM按照XML Schema验证XML文档

问题陈述：设计一个程序，允许用户输入待验证的XML文件及其XML Schema文件的位置，根据给定的XML Schema文件来验证XML文件的有效性。如果文档有错误，给出错误的详细信息，包括错误位置、原因等。否则，给出没有错误的提示。

解决上述问题，需要完成以下任务。

任务1：确定按照XML Schema验证XML文档有效性的机制。

任务2：编写按照XML Schema验证XML文档有效性的代码。

任务3：执行代码。

任务1 确定按照XML Schema验证XML文档有效性的机制

为了验证XML文档的有效性，需要使用校验解析器。Microsoft提供的XML分析器（MSXML）是基于DOM的校验解析器，它使用DOM对象加载XML文档和XML Schema来验证XML文档的有效性。因此，可采用MSXML来验证XML。

为了实现验证，可以使用DOMDocument对象来加载XML文档，解析并校验此文档。如果有错，可以使用IXMLParseError对象的属性，来显示出错信息。除了这两个对象，还需要一个名为XMLSchemaCache的对象来加载和XML文档相关的Schema

文档，下面简要介绍该对象。

XMLSchemaCache 对象

XMLSchemaCache 对象用于保存 Schema 文档的集合，这些 Schema 文档指定了 XML 文档必须遵守的规定，它具有下列方法。

1）add(namespaceURI,variable)：该方法将新 Schema 添加到集合，namespaceURI 是与文档相关的命名空间 URI。

2）addCollection(XMLSchemaCollection)：该方法将其他架构集合添加到集合。

3）get(namespaceURI)：此方法返回包含<schema>元素的节点。

4）namespaceURI(index)：此方法返回与指定索引号处的架构关联的命名空间。

5）remove(namespaceURI)：此方法从集合中移出架构。

XMLSchemaCache 对象具有下列属性。

length：返回架构集合中包含的架构数。

下面具体介绍利用 DOM 技术校验 XML 文档有效性的方法。

第一步：创建一个 DOMDocument 对象，并加载待验证的 XML 文档。具体代码如下：

```
var xmlDoc = new ActiveXObject("Msxml2.DOMDocument.6.0");
xmlDoc.async = false;
xmlDoc.load(xmlFilename);
```

上面程序首先创建一个 DOMDocument 对象 xmlDoc，然后利用 load()方法加载 XML 文档，其中 xmlFilename 是待验证的 XML 文档的文件名。将 Document 对象的 async 属性置为 false，确保只有当 XML 文档被加载完成时再继续执行后续代码。

第二步：将 XML Schema 添加到 XMLSchemaCache 中。具体代码如下：

```
var xsdschemacache = new ActiveXObject("Msxml2.XMLSchemaCache.6.0");
var namespace=xmlDoc.documentElement.namespaceURI;
xsdschemacache.add(namespace,xsdFilename);
xmlDoc.schemas=xsdschemacache;
xmlDoc.validateOnParse=true
xmlDoc.load(xmlFilename);
```

上面程序创建一个 XMLSchemaCache 对象，并获取 XML 文档的命名空间 URI，然后利用 XMLSchemaCache 对象的 add()方法将 Schema 文件添加到 XMLSchema Cache 对象中，其中 xsdFilename 是 Schema 文件的名字。然后设置 xmlDoc 对象的 schemas 属性为 XMLSchemaCache 对象，建立起 XML 文档与 Schema 的关联。下一步将 xmlDoc 对象的 validateOnParse 设置为 true，指明在解析 XML 文档时同时验证 XML 文档的有效性，最后再次加载 XML 文档，此时将根据给定的 XML Schema 文件来验证 XML 文档的有效性。

第三步：输出验证结果。具体代码如下：

```
var error=xmlDoc.parseError;
validateResult=window.open('Result.htm','_new','location=0,status=1,toolbar=0,menuBar=
```

```
0,scrollBars=0,directories=0,resizable=0,width=600,height=600');
    if(error!="")
    {
     validateResult.document.write('<HTML><Title>验证结果</Title><BODY><p><b>错误信息</b></p><br>');
     validateResult.document.write('<b>XML 文档 URL: </b><br>' + error.url + '<br>');
     validateResult.document.write('<b>行号: </b><br>' + error.line + '<br>');
     validateResult.document.write('<b>列号: </b><br>' + error.linepos + '<br>');
     validateResult.document.write('<b>错误原因: </b><br>' + error.reason + '<br>');
     validateResult.document.write('</BODY></HTML>');
    }
    else
    {
     validateResult.document.write('<HTML><Title>验证结果</Title><BODY><b>XML 文档是有效的</b><br>');
    validateResult.document.write('</BODY></HTML>');
    }
```

上述程序根据 xmlDoc 对象的 parseError 属性获得验证 XML 文档时生成的与错误有关的信息，然后在另一个 HTML 文件 Result.htm 中显示验证结果。根据 parseError 对象的 url、line、linepos、reason 可得到错误文件的 URL、错误所在的行号、列号和错误原因。如果验证没有错误，则 parseError 对象为空，此时显示“XML 文档是有效的”。

任务 2　编写按照 XML Schema 验证 XML 文档有效性的代码

下面给出本案例完整的解决方案。

第一步：为了能让用户输入待验证的 XML 文件及其 XML Schema 文件的位置，可建立一个 HTML 文档，在 XML Spy 或记事本中输入下列代码，并保存为 7.2.1.htm。

文件 7.2.1.htm

```
<html>
<head>
<title>7.2.1XML 有效性验证</title>
<meta http-equiv="Content-Type" content="text/html; charset=gb2312">
</head>
<body>
<p align="center"><b><u>根据 XML Schema 验证 XML 文档有效性</u></b></p>
<form name="frmValidateXML" method="post" action="">
  <table border="0" align="center">
    <tr>
        <td align="right"><b>输入 XML 文件名:</b></td>
        <td><input type="file" name="TxtXMLFileName" size="30"></td>
```

```
        </tr>
        <tr>
            <td align="right"><b>输入 XSD 文件名:</b></td>
            <td><input type="file" name="TxtXSDFileName" size="30"></td>
        </tr>
        <tr>
            <td colspan="2" align="center">
                <input type="button" value="验证" onclick="javascript:doValidate(TxtXMLFileName.value,TxtXSDFileName.value)">
                <input type="reset" value="重置" onclick="javascript:doReset()">
            </td>
        </tr>
    </table>
</form>
</body>
</html>
```

上面程序运行的显示结果如图 7-2 所示。

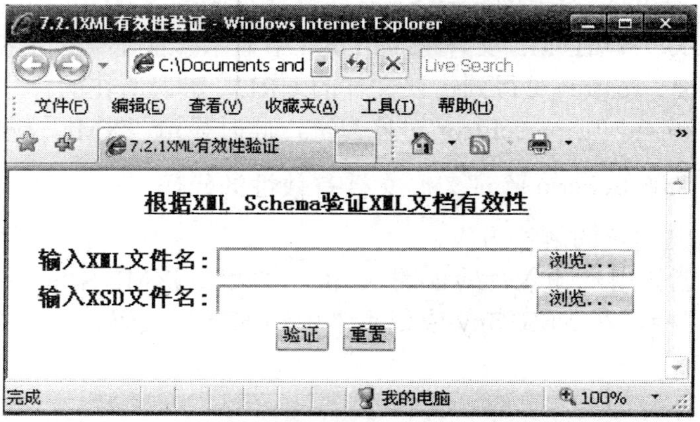

图 7-2　验证 XML 文档有效性的用户界面

第二步：在上面的程序中，当用户单击“验证”按钮时，将调用函数 doValidate()，该函数根据给定的 XML Schema 文件来验证 XML 文档。下面是该函数的完整程序，在文档 7.2.1.htm 中输入下列代码。

```
<script Language="javascript">
    var validateResult;
    function doValidate(xmlFilename,xsdFilename){
        //验证文件名是否为空
        if (xmlFilename.length == 0){
            alert("请输入 XML 文件");
```

```
            return;
        }
        if (xsdFilename.length == 0){
            alert("请输入 XSD 文件");
            return;
        }
        //加载 XML 文档
        …（此处代码见任务 1 中的第一步）
        //将 XML Schema 添加到 XMLSchemaCache 中
        …（此处代码见任务 1 中的第二步）
        //输出验证结果
        …（此处代码见任务 1 中的第三步）
    }
</script>
```

第三步：下面给出“重置”按钮单击事件的处理程序，在 7.2.1.htm 中添加下列代码。

```
function doReset(){
    document.frmValidateXML.TxtXMLFileName.value="";
    document.frmValidateXML.TxtXSDFileName.value="";
    if (!(typeof validateResult == "undefined"))
        validateResult.close();
}
```

上述代码是将两个输入框清空，并关闭显示验证结果的窗口。

第四步：建立用来显示验证结果的 HTML 文件 Result.htm。在 XML Spy 或记事本中输入下列代码，并保存为 Result.htm。

```
<html>
<head></head>
<body></body>
</html>
```

任务 3 执行代码

第一步：打开文件 7.2.1.htm。

第二步：输入待验证的 XML 文件。

第三步：输入用来验证 XML 文件的 Schema 文件。

第四步：单击“验证”按钮。

7.3 使用 DOM 对象读取 XML 文档

通过前面对 XML 文档有效性的验证，已经作好了对文档进行处理的准备。最重要的任务是能够根据需要从 XML 文档中获取信息。这里将用两种方法来说明。

案例 2 使用 DOM 从 XML 文档中读取数据

问题陈述：学校教材管理系统中，现有班级信息存放在 XML 文件 7.3.1.xml 中，设计一个程序，可按系部进行筛选，显示相应班级的信息。

文件 7.3.1.xml:

```
<?xml version="1.0" encoding="GB2312" ?>
<教材管理系统>
  <所有系部>
    <系部信息 系部编号="01">
      <系部名称>信息工程系</系部名称>
    </系部信息>
    <系部信息 系部编号="02">
      <系部名称>测绘工程系</系部名称>
    </系部信息>
    <!--其他系部信息-->
  </所有系部>
  <所有班级>
    <班级信息 班号="0000101051" 所属系部编号="01">
      <班级名称>软件 0501 班</班级名称>
      <班级人数>46</班级人数>
    </班级信息>
    <班级信息 班号="0000101052" 所属系部编号="01">
      <班级名称>软件 0502 班</班级名称>
      <班级人数>43</班级人数>
    </班级信息>
    <班级信息 班号="0000102051" 所属系部编号="01">
      <班级名称>网络 0501 班</班级名称>
      <班级人数>55</班级人数>
    </班级信息>
    <班级信息 班号="0000201051" 所属系部编号="02">
      <班级名称>工测 0501 班</班级名称>
      <班级人数>50</班级人数>
    </班级信息>
    <!--其他班级信息-->
  </所有班级>
</教材管理系统>
```

程序运行结果如图 7-3 所示。

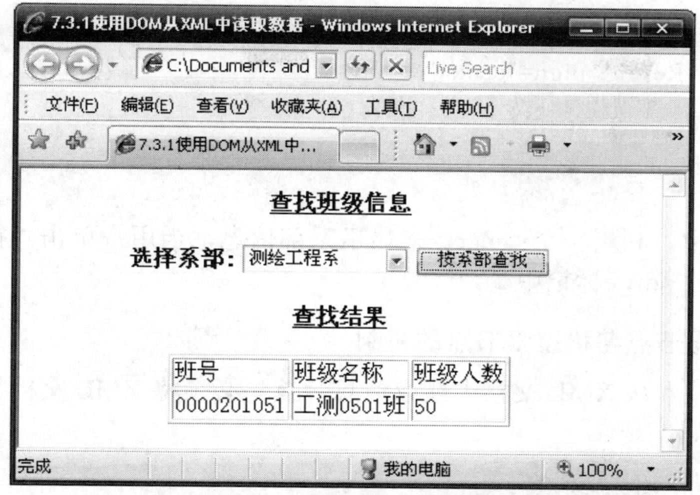

图 7-3 按系部查找班级信息

解决上述问题，需要完成以下任务。

任务 1：创建用户界面。

任务 2：明确根据节点名称搜索节点的机制。

任务 3：明确根据 XPATH 搜索节点的机制。

任务 4：编写 HTML 文档。

任务 5：执行代码。

任务 1 创建用户界面

为了方便用户操作，可建立一个 HTML 文档，在 XML Spy 或记事本中输入下列代码，并保存为 7.3.1.htm。

文件 7.3.1.htm：

```
<html>
<head>
<title>7.3.1 使用 DOM 从 XML 中读取数据</title>
<meta http-equiv="Content-Type" content="text/html; charset=GB2312">
</head>
<body>
<p align="center"><b><u>查找班级信息</u></b></p>
<form name="frmVisitXML" method="post" action="">
  <table border="0" align="center">
    <tr>
      <td align="right"><b>选择系部:</b></td>
      <td><select name="selDepartment" style="width:120px" ></select></td>
      <td><input type="button" value="按系部查找"/></td>
    </tr>
```

```
    </table>
    <div id="divResult" align="center"></div>
  </form>
</body>
</html>
```

在上面代码中，利用一个<select>来显示系部信息，当用户单击“按系部查找”按钮后，结果显示在<div>标记中。

任务 2 明确根据节点名称搜索节点的机制

利用 DOM 技术从 XML 文档中获取信息，首先必须将 XML 文档加载到内存中。可通过下面的代码实现。

```
<script type="text/javascript">
    var xmlDoc;
    //加载 XML 文档
    function loadXml() {
        xmlDoc = new ActiveXObject("Msxml2.DOMDocument.6.0");
        xmlDoc.async=false;
        xmlDoc.load("7.3.1.xml");
    }
</script>
```

上面程序首先创建了一个 Document 对象，并将 Document 对象的 async 属性置为 false，确保只有当 XML 文档被加载完成时再继续执行后续代码。

根据案例要求，要从 XML 文档中获取系部信息来填充选项框，为此，可以利用 Document 对象的方法 getElementsByTagName(name)根据节点名称获取所有<系部信息>标记，该方法的返回值是一个 NodeList 对象。具体方法如下：

```
var departmentNodes=xmlDoc.getElementsByTagName("系部信息");
```

然后利用 NodeList 对象的 item 属性获取某一个<系部信息>节点。

```
var departmentNode=departmentNodes.item(index);
```

其中 index 为节点序号。该属性返回一个 Node 对象。

现在从该 Node 对象中读取“系部编号”的值。代码如下：

```
var departmentAttributes=departmentNode.attributes;
var departmentIdAttr=departmentAttributes.getNamedItem("系部编号");
var departmentId=departmentIdAttr.value;
```

在上面的程序中，首先利用 Node 对象的属性 attributes 获取该<系部信息>节点的所有属性，该属性是一个 NamedNodeMap 对象。再利用 NamedNodeMap 对象的方法 getNamedItem(name)获取“系部编号”属性节点，该方法的返回值是一个 Attr 对象。最后利用 Attr 对象的 value 属性得到系部编号的值。

下面读取该节点对应的系部名称，代码如下：

```
var departmentChildNodes=departmentNode.childNodes;
var departmentNameNode=departmentChildNodes.item(0);
var departmentName=departmentNameNode.text;
```

在上面的程序中，首先利用 Node 对象的 childNodes 属性获取<系部信息>节点的所有子节点，该属性是一个 NodeList 对象。再利用 NodeList 对象的 item 属性获取<系部名称>节点，因为<系部名称>是<系部信息>的第一个子节点，此处指定 item 中的索引为 0，该属性返回的值是一个 Node 对象。最后利用 Node 对象的 text 属性得到系部名称。

完整的初始化选项框的代码如下：

```
function fillDepartment() {
    loadXml();
    var departmentNodes=xmlDoc.getElementsByTagName("系部信息");
    var selDepartment=document.frmVisitXML.selDepartment;
    for(var index=0;index<departmentNodes.length;index++) {
        //获取系部信息节点
        var departmentNode=departmentNodes.item(index);
        //获取系部编号
        var departmentAttributes=departmentNode.attributes;
        var departmentIdAttr=departmentAttributes.getNamedItem("系部编号");
        var departmentId=departmentIdAttr.value;
        //获取系部名称
        var departmentChildNodes=departmentNode.childNodes;
        var departmentNameNode=departmentChildNodes.item(0);
        var departmentName=departmentNameNode.text;
        //填充选项框
        var opt=new Option(departmentName,departmentId);
        selDepartment.options.add(opt);
    }
}
```

任务 3 明确根据 XPATH 搜索节点的机制

根据案例要求，当用户选择了某一系部，单击“按系部查找”按钮之后，要从 XML 文档中读取该系部对应的班级信息。在<班级信息>节点中包含“所属系部编号”属性，此处将根据该属性值来获取指定系部的班级信息。

为了获取指定系部的班级信息，可以采用 Document 对象的 selectNodes 方法结合 XPATH 来搜索指定节点。具体代码如下：

```
function searchByDepartmentId(departmentId){
  var classNodes=xmlDoc.selectNodes('/教材管理系统/所有班级/班级信息[@所属系部
```

```
编号='"+departmentId+"']');
    return classNodes
}
```

在上面的程序中，departmentId 是指定系部的编号，selectNodes 方法的参数为搜索节点的 XPATH 路径，此处使用了绝对路径表示法来确定要获取的<班级信息>节点，其中指定搜索条件为“所属系部编号”等于给定的系部编号，最后返回搜索结果。该返回值是一个 NodeList 对象。

最后，将搜索结果以一个表格形式显示，具体代码如下：

```
function display(classNodes){
    var result="<p><b><u>查找结果</u></b></p>";
    result+="<table  border=1><thead><tr><td>班号</td><td>班级名称</td><td>班级人数</td></tr></thead>";
    for(var i=0;i<classNodes.length;i++){
        var classNode=classNodes.item(i);
        var classId=classNode.getAttribute("班号");
        var className=classNode.childNodes.item(0).text;
        var number=classNode.childNodes.item(1).text;
        result+="<tr><td>"+classId+"</td>";
        result+="<td>"+className+"</td>";
        result+="<td>"+number+"</td>";
        result+="</tr>";
    }
    result+="</table>";
    var divResult=document.getElementById("divResult");
    divResult.innerHTML=result;
}
```

在上面的程序中，因为 classNode 节点对应<班级信息>标记，是一个 Element 对象，因此利用了 Element 对象的 getAttribute 方法来获取班号。

任务 4　编写 HTML 文档

下面给出完整的 HTML 文档。

完整的文件 7.3.1.htm：

```
<html>
<head>
<title>7.3.1 使用 DOM 从 XML 中读取数据</title>
<meta http-equiv="Content-Type" content="text/html; charset=GB2312">
<script type="text/javascript">
    var xmlDoc;
```

```
    //加载 XML 文档
    function loadXml(){
    …(此处加 loadXml 函数的代码)
    }
    //初始化系部信息列表框
    function fillDepartment(){
    …(此处加 fillDepartment 函数的代码)
    }
    //根据所选系部查找班级信息
    function onSearch() {
        //获取用户选择的系部的编号
        var selDepartment=document.frmVisitXML.selDepartment;
        var departmentId=selDepartment.value;
        //获取指定系部信息的班级信息节点
        var classNodes=searchByDepartmentId(departmentId);
        //显示查询结果
        display(classNodes);
    }
    //获取指定系部信息的班级信息节点
    function searchByDepartmentId(departmentId) {
  …（此处加 searchByDepartmentId 函数的代码）
    }
    //显示查询结果
    function display(classNodes){
     ...(此处加 display 函数的代码)
    }
</script>
</head>
<body onload="fillDepartment();">
<p align="center"><b><u>查找班级信息</u></b></p>
<form name="frmVisitXML" method="post" action="">
   <table border="0" align="center">
     <tr>
        <td align="right"><b>选择系部:</b></td>
        <td><select name="selDepartment" style="width:120px" ></select></td>
        <td><input type="button" value="按系部查找" onclick="onSearch();"/></td>
     </tr>
   </table>
   <div id="divResult" align="center"></div>
```

```
  </form>
</body>
</html>
```

在上面的程序中，给<body>标记添加了 onload 事件处理程序，在初始化页面时对系部信息选项框进行填充。给“按系部查找”按钮添加了 onclick 事件处理程序，该处理程序根据用户选择的系部查找该系部对应的班级信息。

任务 5　执行代码

第一步：打开 7.3.1.htm。

第二步：选择某一系部。

第三步：单击“按系部查找”按钮。

7.4　使用 DOM 对象动态修改 XML 文档

用已经学过的知识,可以创建非常有意思的应用程序。下面介绍如何修改现有 XML 文档或者创建整个 XML 文档。幸运的是，DOM 为这个任务提供了详细的规定，下面通过一个案例来详细介绍相关的技术。

案例 3　使用 DOM 对象创建并修改 XML 文档

问题陈述：在学校教材管理系统中，决定将班级信息存放在 XML 文件中，设计一个程序，创建存放班级信息的 XML 文件，并可在该文件中添加班级信息，修改或删除指定的班级信息。

解决上述问题，需要完成以下任务。

任务 1：创建用户界面。

任务 2：明确创建 XML 文档的机制。

任务 3：明确动态修改 XML 文档的机制。

任务 4：明确动态加载 XML 文档的机制。

任务 5：编写客户端事件处理程序。

任务 6：编写服务器端动态修改 XML 文档的程序。

任务 7：部署并运行程序。

任务 1　创建用户界面

为了方便用户操作，可建立一个 HTML 文档，在 XML Spy 或记事本中输入下列代码，并保存为 7.4.1.htm。

文件 7.4.1.htm：

```
<html >
<head>
<title>7.4.1 创建并修改 XML 文档</title>
<meta http-equiv="Content-Type" content="text/html; charset=GB2312">
```

```
</head>
<body>
  <form name="frmModify" method="post" action="xmlmodify.asp">
   <xml id="classInfo" src="getxml.asp"></xml>
   <input type="hidden" id="hiddenStatus" name="hiddenStatus" value="" />
   <input type="hidden" id="recordNo" name="recordNo" value=""/>
      <input type="hidden" id="newClassNo" name="newClassNo" value="" />
      <input type="hidden" id="newClassName" name="newClassName" value="" />
      <input type="hidden" id="newClassNum" name="newClassNum" value="" />
      <input type="hidden" id="newDeptNo" name="newDeptNo" value="" />
      <input type="button" id="btnAdd" value="添加记录" onClick="btnAdd_onClick();"/>
  <input type="button"id= "btnModify"value= "修改记录" onClick="btnModify_onClick();"/>
  <input type="submit" id="btnDelete" value="删除记录" onClick="btnDelete_onClick();"/>
  <input type="submit" id="btnSave" value="保存 XML"   onClick="btnSave_onClick();"/>
  <p></p>
  <div name="divClass" id="divClass">
     <h1>班级信息</h1>
     班号:<input type="text" id="txtClassNo"   datasrc="#classInfo" datafld="班号" size="20"
/><br />
     班级名称:<input  type="text"  id="txtClassName"   datasrc="#classInfo"  datafld="班
级名称" size="20" /><br />
     班级人数:<input type="text" id="txtClassNum"   datasrc="#classInfo" datafld="班级
人数" size="10" /><br />
     所属系部编号:<input type="text" id="txtDeptNo"   datasrc="#classInfo" datafld="所
属系部编号" size="10"/><br />
       <p></p>
     共<span id="TotalRecords"></span>条,第<span id="RecordNo">1</span>条<br />
       <p></p>
     <input type="button" name="btnPrevious" value="上一条记录"
     onclick="btnPrevious_onClick()"/>
     <input type="button" name="btnNext" value="下一条记录"
         onclick="btnNext_onClick()"/>
     <input type="button" name="btnFirst" value="第一条记录"
         onclick="btnFirst_onClick()" />
     <input type="button" name="btnLast" value="最后一条记录"
         onclick="btnLast_onClick()"/>
      </div>
  </form>
</body>
</html>
```

该程序运行后的结果如图 7-4 所示。

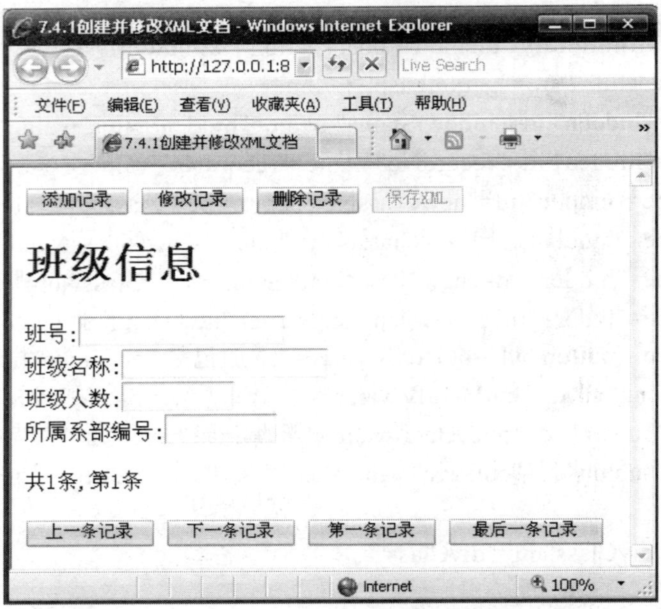

图 7-4　程序运行效果图

任务 2　明确创建 XML 文档的机制

根据案例要求，班级信息存放在一个 XML 文件中，当该文件不存在时，必须创建该 XML 文件。假如要创建的 XML 文件的形式如下：

文件 classinfo.xml：

```
<?xml version="1.0" encoding="UTF-8"?>
<所有班级>
        <班级信息 班号="1" 所属系部编号="11">
          <班级名称>软件 0501</班级名称><班级人数>34</班级人数>
        </班级信息>
      ...(其他班级信息)
</所有班级>
```

下面介绍利用 DOM 技术在服务器端创建 XML 文档的方法和步骤。

第一步：创建 Document 对象。

因为创建 XML 文档的任务由服务器端完成，所以此处采用 Server 对象的 CreateObject()方法来创建 Document 对象，具体代码如下：

```
var xmlDoc=Server.CreateObject("Microsoft.XMLDOM");
```

第二步：创建 XML 声明。

XML 声明是一个处理指令，通过调用 Document 对象的 createProcessingInstruction()方法来创建该节点。然后，将该节点添加为 Document 对象的子节点。具体代码如下：

```
var newPI=xmlDoc.createProcessingInstruction("xml","version='1.0' encoding='UTF-8'");
xmlDoc.appendChild(newPI);
```

第三步：创建根元素。

通过调用 Document 对象的 createElement()方法创建<所有班级>根元素。然后，将该节点添加为 Document 对象的子节点。具体代码如下：

```
var documentElement=xmlDoc.createElement("所有班级");
xmlDoc.appendChild(documentElement);
```

第四步：保存 XML 文档。

```
xmlDoc.save(Server.MapPath("classinfo.xml"));
```

上面程序调用 Document 对象的 save()方法将创建的 DOM 对象保存为 XML 文档。其中，Server.MapPath()方法获取 classinfo.xml 文件在服务器上的物理路径。至此，将在服务器上创建一个如下所示的 XML 文件：

```
<?xml version="1.0" encoding="UTF-8"?>
<所有班级/>
```

第五步：创建班级信息节点，并添加为根标记<所有班级>的子节点。

为了能动态添加班级信息，此处编写了一个 addElement(classno, classname classnum, deptno)函数实现此功能，其中参数 classno、classname、classnum、deptno 表示班号、班级名称、班级人数和所属系部编号。下面是该函数的完整代码。

```
function addElement(classno,classname,classnum,deptno) {
  //创建 DOM，并加载 XML 文档
  var xmldoc=Server.CreateObject("Microsoft.XMLDOM");
  xmldoc.async = false;
  xmldoc.load(Server.MapPath("classinfo.xml"));
  //获取根元素
  var rootElement = xmldoc.documentElement;
  //创建班级信息元素
  var classNode = xmldoc.createElement("班级信息");
  //添加班号属性
  classNode.setAttribute("班号",classno);
  //添加所属系部编号属性
  classNode.setAttribute("所属系部编号",deptno);
  //添加班级名称子元素
  var classnameNode = xmldoc.createElement("班级名称");
  var classnameText = xmldoc.createTextNode(classname);
  classnameNode.appendChild(classnameText);
  classNode.appendChild(classnameNode);
  //添加班级人数子元素
```

```
    var classnumNode = xmldoc.createElement("班级人数");
    var classnumText = xmldoc.createTextNode(classnum);
    classnumNode.appendChild(classnumText)
    classNode.appendChild(classnumNode)
    //将班级信息节点添加为根标记的子节点
    rootElement.appendChild(classNode);
    xmldoc.save(Server.MapPath("classinfo.xml"));
}
```

在上面的程序中，利用 Element 对象的 setAttribute()方法为<班级信息>节点添加属性“班号”和“所属系部编号”。在创建班级名称子元素时，首先创建了<班级名称>元素节点 classnameNode，然后利用 Document 对象的 createTextNode()方法创建了该元素包含的文本节点 classnameText，并将该文本节点添加为 classnameNode 节点的子节点。最后将 classnameNode 节点添加为<班级信息>元素对应节点 classNode 的子节点。添加班级人数子元素的方法类似。在函数的最后，将创建好的班级信息节点添加为根元素 rootElement 的子节点，并保存修改后的 XML 文件。

任务 3　明确动态修改 XML 文档的机制

前面已介绍创建 XML 文档和在 XML 文档中添加元素的方法，下面介绍修改节点的内容和从 XML 文档中删除节点的方法。

此处仍然以 classinfo.xml 文件为例来说明修改节点内容和删除节点的方法。下面是修改班级信息的函数 updateElement(index,newClassNo,newClassName,newClassNum,newDeptNo)，其中参数 index 是要修改的班级信息节点的序号，参数 newClassNo、newClassName、newClassNum、newDeptNo 表示修改后的班号、班级名称、班级人数和所属系部编号。

```
function updateElement(index,newClassNo,newClassName,newClassNum,newDeptNo) {
    //创建 DOM，并加载 XML 文档
    var xmldoc=Server.CreateObject("Microsoft.XMLDOM");
    xmldoc.async = false;
    xmldoc.load(Server.MapPath("classinfo.xml"));
    //获取根元素
    var rootElement = xmldoc.documentElement;
    //获取要修改的班级信息节点
    var classNode=rootElement.childNodes.item(index-1);
    //修改班号和所属系部编号属性
    classNode.setAttribute("班号",newClassNo);
    classNode.setAttribute("所属系部编号",newDeptNo);
    //修改班级名称节点
    var classnameNode=classNode.firstChild;
    classnameNode.text=newClassName;
```

```
    //修改班级人数节点
    var classnumNode=classNode.lastChild;
    classnumNode.text=newClassNum;
    //保存修改后的文档
    xmldoc.save(Server.MapPath("classinfo.xml"));
}
```

在上面的程序中，首先获取要修改的班级信息节点 classNode，然后还是利用 setAttribute()方法来修改其属性“班号”和“所属系部编号”。在修改子元素<班级名称>和<班级人数>节点的值时，通过直接给这些节点的 text 属性赋值来实现。最后保存修改后的文档。

删除班级信息节点可利用函数 deleteElement(index)来实现，其中 index 为要删除的班级信息节点的序号。

```
function deleteElement(index) {
    //创建 DOM 对象，并加载 XML 文档
        var xmldoc=Server.CreateObject("Microsoft.XMLDOM");
        xmldoc.async = false;
        xmldoc.load(Server.MapPath("classinfo.xml"));
        //获取根元素
        var rootElement=xmldoc.documentElement;
        //获取要删除的班级信息节点
        var child=rootElement.childNodes.item(index-1);
        //删除指定的节点
        rootElement.removeChild(child);
        //保存删除节点后的文档
        xmldoc.save(Server.MapPath("classinfo.xml"));
}
```

在上面的程序中，首先获取要删除的班级信息节点 child，然后调用根元素的 removeChild()方法来删除该子节点，最后保存删除节点后的文档。

至此，利用 DOM 技术动态修改 XML 文档的方法已介绍完毕，接着将这些相关的函数保存在一个脚本文件 xmlmodify.js 中，该文件内容如下。

脚本文件 xmlmodify.js：

```
<script language="javascript" runat="server">
//创建 XML 文档
function createXml(){
  //创建 DOM
  var xmlDoc=Server.CreateObject("Microsoft.XMLDOM");
  //创建处理指令
  var newPI=xmlDoc.createProcessingInstruction("xml","version='1.0' encoding='UTF-8'");
```

```
    xmlDoc.appendChild(newPI);
    //创建根元素
    var documentElement=xmlDoc.createElement("所有班级");
    xmlDoc.appendChild(documentElement);
    //保存 XML 文档
    xmlDoc.save(Server.MapPath("classinfo.xml"));
    //在根节点添加一条班级信息节点
    addElement(" ","","",," ");
  }
  //添加一个班级信息元素的算法，参数为班号、班级名称、班级人数、所属系部编号
  function addElement(classno,classname,classnum,deptno) {
    ...(此处加 addElement 函数的代码)
  }
  //删除记录的算法，参数 index 为节点序号
  function deleteElement(index){
    ...(此处加 deleteElement 函数的代码)
  }
  //更新记录的算法，参数为节点序号和修改后的班号、班级名称、班级人数和所属系
部编号
  function updateElement(index,newClassNo,newClassName,newClassNum,newDeptNo) {
     ...(此处加 updateElement 函数的代码)
  }
  </script>
```

任务 4　明确动态加载 XML 文档的机制

前面已介绍在服务器上动态修改 XML 文档的方法。这里需要用修改后的 XML 文档及时地更新客户端数据岛中的数据，以便客户端和服务器端数据保持一致。为此，将 XML 数据岛 classinfo 的 src 设置 ASP 程序“getxml.asp”，该 ASP 程序从服务器端的 classinfo.xml 文件中获取班级信息，以 XML 文档格式返回到客户端。具体代码如下。

文件 getxml.asp：

```
  <!-- #include file="xmlmodify.js" -->
  <script language="javascript" runat="server">
  //判断 classinfo.xml 是否存在，如果不存在，建立该文件
  var xmldoc=Server.CreateObject("Microsoft.XMLDOM");
  if(! xmldoc.load(Server.MapPath("classinfo.xml")))
    createXml();
  //读取 classinfo.xml 文件，返回到客户端
  Response.Buffer=true;
  xmldoc.async = false;
```

```
xmldoc.load(Server.MapPath("classinfo.xml"));
xmlText="<?xml version='1.0' encoding='GB2312'?>"+xmldoc.documentElement.xml;
Response.Write(xmlText);
Response.End();
</script>
```

任务 5　编写客户端事件处理程序

在本案例中，为了实现逐条查看或修改记录，添加了“上一条记录”、“下一条记录”、“第一条记录”和“最后一条记录”等按钮，其工作原理请参见第 6 章的案例 3，此处不再赘述。

为了使程序更有实用性，本案例将用户界面设计为两种状态——“查看状态”或“编辑状态”。在查看状态，用户可翻阅记录。当用户单击“添加记录”或“修改记录”后，界面将进入“编辑状态”，此时用户或输入新记录或对原记录进行修改，最后用户可选择“取消添加”、“取消修改”或“保存 XML”。设置两种状态下用户界面所有控件状态的方法如下：

```
function changeStatus(currentStatus){
  //查看状态
  if (currentStatus=="viewStatus"){
    txtClassNo.disabled=true;
    txtClassName.disabled=true;
    txtClassNum.disabled=true;
    txtDeptNo.disabled=true;
    btnAdd.disabled=false;
    btnSave.disabled=true;
    if(classInfo.XMLDocument.documentElement.childNodes.length==0){
      btnModify.disabled=btnDelete.disabled=true;
      btnPrevious.disabled=btnNext.disabled=true;
      btnFirst.disabled=btnLast.disabled=true;
    }
    else{
      btnModify.disabled=btnDelete.disabled=false;
      btnPrevious.disabled=btnNext.disabled=false;
      btnFirst.disabled=btnLast.disabled=false;
    }
}
else{//编辑状态，添加或修改记录
    txtClassNo.disabled=false;
    txtClassName.disabled=false;
    txtClassNum.disabled=false;
```

```
        txtDeptNo.disabled=false;
        btnDelete.disabled=true;
        btnPrevious.disabled=btnNext.disabled=true;
        btnFirst.disabled=btnLast.disabled=true;
        btnSave.disabled=false;
        if(currentStatus=="addStatus"){
          btnAdd.disabled=false;
          btnModify.disabled=true;
        }
        else{
          btnAdd.disabled=true;
          btnModify.disabled=false;
        }
    }
    }
```

“添加记录”或“取消添加”按钮的单击事件处理程序如下：

```
  function btnAdd_onClick(){
    if(btnAdd.value=="添加记录"){//添加记录处理程序
      var fields=["班号","班级名称","班级人数","所属系部编号"];
      var values=["","","",""];
      classInfo.recordset.addnew(fields,values);
      classInfo.recordset.movelast;
      oldRecordNo=RecordNo.innerText;
  TotalRecords.innerText=classInfo.XMLDocument.documentElement.childNodes.length;
      RecordNo.innerText=classInfo.recordset.recordcount;
      btnAdd.value="取消添加";
      changeStatus("addStatus");
  }
    else{//取消添加处理程序
      classInfo.recordset.Delete();
      classInfo.recordset.movefirst;
      classInfo.recordset.move(oldRecordNo-1);
  TotalRecords.innerText=classInfo.XMLDocument.documentElement.childNodes.length;
      RecordNo.innerText=oldRecordNo;
      btnAdd.value="添加记录";
      changeStatus("viewStatus");
  }
}
```

在上面的程序中，当用户单击“添加记录”按钮时，首先利用 addnew()方法在数据岛对应的 recordset 对象中添加一条新记录。然后，移动记录指针指向新增的记录，并将原来的记录号保存在变量 oldRecordNo 中，以便取消添加时回到原记录。同时修改总记录数、当前记录号，并将“添加记录”按钮改为“取消添加”按钮。最后调用 changeStatus()方法将所有控件状态改为“编辑状态”。其运行后的状态如图 7-5 所示。

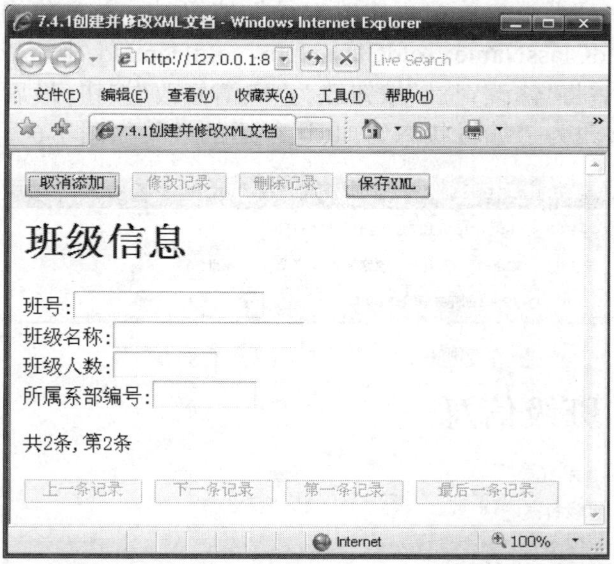

图 7-5 “添加记录”状态

当用户单击“取消添加”按钮时，首先利用 Delete()方法将刚刚添加到记录集的新记录删除。然后，移到记录指针指向原来的记录。同时修改总记录数、当前记录号为添加前的值，并将“取消添加”按钮改为“添加记录”按钮。最后调用 changeStatus()方法将所有控件状态改为“查看状态”。

“修改记录”或“取消修改”按钮的单击事件处理程序如下：

```
function btnModify_onClick(){
  if (btnModify.value=="修改记录"){//修改记录处理程序
     oldClassNo=txtClassNo.value;
     oldClassName=txtClassName.value;
     oldClassNum=txtClassNum.value;
     oldDeptNo=txtDeptNo.value;
     btnModify.value="取消修改";
     changeStatus("modifyStatus");
  }
  else{//取消修改处理程序
     txtClassNo.value=oldClassNo;
     txtClassName.value=oldClassName;
```

```
        txtClassNum.value=oldClassNum;
        txtDeptNo.value=oldDeptNo;
        btnModify.value="修改记录";
      changeStatus("viewStatus");
    }
  }
```

在上面的程序中，当用户单击“修改记录”按钮时，首先将当前记录的值保存在变量 oldClassNo、oldClassName、oldClassNum、oldDeptNo 中，以便取消修改时还原为修改前的数据；然后将“修改记录”按钮改为“取消修改”按钮；最后调用 changeStatus()方法将所有控件状态改为“编辑状态”。其运行后的效果如图 7-6 所示。

图 7-6 “修改记录”状态

当用户单击“取消修改”按钮时，首先将文本框还原为原来的值，然后将“取消修改”按钮改为“修改记录”按钮；最后调用 changeStatus()方法将所有控件状态改为“查看状态”。

“删除记录”按钮的单击事件处理程序如下：

```
function btnDelete_onClick() {
  if(confirm("删除当前记录吗?")) {
    if(classInfo.recordset.recordcount==1){
      alert("这是最后一条记录,不允许删除!");
      return false;
    }
    document.getElementById("hiddenStatus").value="delete";
    document.getElementById("recordNo").value=RecordNo.innerText;
```

```
        return true;
    }
    else{
        return false;
    }
}
```

在上面的程序中，当用户确认删除当前记录时，接着检查记录集中是否仅有一条记录，若只有一条记录，则提醒不允许删除或退出；否则，将当前的删除状态保存在隐藏字段 hiddenStatus 中，当前要删除记录的记录号保存在隐藏字段 recordNo 中，因表单的 action 属性已设置为“xmlmodify.asp”，所以，从服务器上指定的 XML 文件中删除指定的节点，最后提交给 ASP 程序 xmlmodify.asp 处理。

“保存 XML”按钮的单击事件处理程序如下：

```
function btnSave_onClick(){
  var classno=txtClassNo.value;
  var classname=txtClassName.value;
  var classnum=txtClassNum.value;
  var deptno=txtDeptNo.value;
  if (trim(classno)==""||trim(classname)==""||trim(classnum)==""||trim(deptno)=="") {
    alert("所有输入项均不能为空");
    return false;
  }
 document.getElementById("newClassNo").value=classno;
 document.getElementById("newClassName").value=classname;
 document.getElementById("newClassNum").value=classnum;
 document.getElementById("newDeptNo").value=deptno;
 document.getElementById("recordNo").value=RecordNo.innerText;
 if (btnAdd.value=="取消添加")
  document.getElementById("hiddenStatus").value="add";
 else
    document.getElementById("hiddenStatus").value="modify";
 return true;
}
```

在上面的程序中，首先检查输入数据是否有为空的情况，当所有输入字段均不为空时，将所有输入的数据保存到对应的隐藏字段中，同时将当前的编辑状态（添加还是修改）也保存在隐藏字段 hiddenStatus 中。然后在服务器上的 XML 文件中添加和修改节点，最后将提交给任务 6 中的 ASP 程序 xmlmodify.asp 程序处理。

在上面的程序中检查输入的数据是否为空时，利用了函数的 trim()，该函数的功能是截去输入的字符串前后的空格，其代码如下：

```
function trim(his) {
   //找到字符串的开始位置
   Pos_Start=-1;
   for(var i=0;i<his.length;i++) {
       if(his.charAt(i)!=" ") {
            Pos_Start=i;
            break;
}
   }
   //找到字符串的结束位置
   Pos_End=-1;
   for(var i=his.length-1;i>=0;i--) {
      if(his.charAt(i)!=" ") {
          Pos_End=i;
          break;
      }
   }
   //返回的字符串
   Str_Return=""
   if(Pos_Start!=-1 && Pos_End!=-1) {
     for(var i=Pos_Start;i<=Pos_End;i++)   {
       Str_Return=Str_Return+his.charAt(i);
     }
   }
   return   Str_Return;
}
```

完整的客户端程序 7.4.1.htm 代码如下：

```
<html >
<head>
<title>7.4.1 创建并修改 XML 文档</title>
<meta http-equiv="Content-Type" content="text/html; charset=GB2312">
<script language="Javascript">
//定义变量
var oldRecordNo;
var oldClassNo,oldClassName,oldClassNum,oldDeptNo;
var btnAdd,btnModify,btnDelete,btnSave;
var txtClassNo,txtClassName,txtClassNum,txtDeptNo;
var btnPrevious,btnNext,btnFirst,btnLast;
```

```
//根据状态修改控件状态
function changeStatus(currentStatus){
  …(此处加 changeStatus 函数的代码)
}
//添加记录或取消添加按钮单击事件处理程序
function btnAdd_onClick(){
  …(此处加添加记录或取消添加按钮单击事件处理程序)
}
//修改记录或取消修改按钮单击事件处理程序
function btnModify_onClick(){
  …(此处加修改记录或取消修改按钮单击事件处理程序)
}
//删除记录按钮事件处理程序
function btnDelete_onClick(){
  …(此处加删除记录按钮事件处理程序)
}
//保存按钮事件处理程序
function btnSave_onClick(){
  …(此处加保存按钮事件处理程序)
}
function trim(his) {
  …(此处加 trim 函数代码)
}
//上一条记录按钮事件处理程序
function btnPrevious_onClick(){
  …(此处加上一条记录按钮事件处理程序)
}
//下一条记录按钮事件处理程序
function btnNext_onClick(){
  …(此处加下一条记录按钮事件处理程序)
}
//第一条记录按钮事件处理程序
function btnFirst_onClick(){
  …(此处加第一条记录按钮事件处理程序)
}
//最后一条记录按钮事件处理程序
function btnLast_onClick(){
  …(此处加最后一条记录按钮事件处理程序)
}
```

```
//初始化全局变量，获取表单中的控件
function initVar() {
   btnAdd=document.getElementById("btnAdd");
   btnModify=document.getElementById("btnModify");
   btnDelete=document.getElementById("btnDelete");
   btnSave=document.getElementById("btnSave");
   txtClassNo=document.getElementById("txtClassNo");
   txtClassName=document.getElementById("txtClassName");
   txtClassNum=document.getElementById("txtClassNum");
   txtDeptNo=document.getElementById("txtDeptNo");
   btnPrevious=document.getElementById("btnPrevious");
   btnNext=document.getElementById("btnNext");
   btnFirst=document.getElementById("btnFirst");
   btnLast=document.getElementById("btnLast");
}
//body 的 onload 事件处理程序
function page_onload(){
   initVar();
   var xmldoc = classInfo.XMLDocument;
   var rootElement = xmldoc.documentElement;
   //获取并显示总记录数和当前记录号
   TotalRecords.innerText=rootElement.childNodes.length;
   if (rootElement.childNodes.length==0) {
       document.getElementById("RecordNo").innerText=0;
}
//进入查看状态
changeStatus("viewStatus");
}
</script>
</head>
<body onload="page_onload()"   >
   <form name="frmModify" method="post" action="xmlmodify.asp">
     ...(此处加文件 7.4.1.htm 中的的 form 内容)
     </form>
</body>
</html>
```

任务 6　编写服务器端动态修改 XML 文档的程序

在服务器端的 xmlmodify.asp 程序中，将根据用户提交时的编辑状态（如添加、修改或删除）对服务器上用来存放班级信息的 XML 文件 classinfo.xml 进行相应处理。具体代码如下。

文档 xmlmodify.asp：

```
<!-- #include file="xmlmodify.js" -->
<script language="javascript" runat="server">
//获取系统状态,如果是添加、修改或删除，则调用相应程序将修改结果写入到 XML 文件
var status=Request.Form("hiddenStatus");
if (status=="delete") {
    //获取要删除的节点的序号
    var recordno=parseInt(Request("recordNo"));
    //删除指定的班级信息
    deleteElement(recordno);
}
else if(status=="modify"){
    //获取要修改节点的序号和修改后的数据
    var newClassNo=Request("newClassNo")["Item"];
    var newClassName=Request("newClassName")["Item"];
    var newClassNum=Request("newClassNum")["Item"];
    var newDeptNo=Request("newDeptNo")["Item"];
    var recordno=parseInt(Request("recordNo"));
    //修改指定的节点
    updateElement(recordno,newClassNo,newClassName,newClassNum,newDeptNo);
}
else if(status=="add")  {
    //获取要添加的数据
    var newClassNo=Request("newClassNo")["Item"];
    var newClassName=Request("newClassName")["Item"];
    var newClassNum=Request("newClassNum")["Item"];
    var newDeptNo=Request("newDeptNo")["Item"];
    //添加一个新的节点
    addElement(newClassNo,newClassName,newClassNum,newDeptNo);
}
Response.Redirect("7.4.2.htm");
</script>
```

在上面的程序中，首先从表单的隐藏字段 hiddenStatus 中获取当前的编辑状态，可能是“add”、“modify”和“delete”，分别表示添加、修改和删除。然后，再从表单中获取添加、修改或删除时所需数据的详细信息，最后调用相应的方法对服务器

的 classinfo.xml 文件进行相应更新。最后，转回到 HTML 页面 7.4.2.htm 显示更新后的结果。

任务 7 部署并运行程序

第一步：安装 IIS。

第二步：利用记事本或 ASP Studio 2005 等工具创建上述任务中给出的文件，包括 HTML 文件 7.4.2.htm、Javascript 文件 xmlmodify.js、ASP 文件 getxml.asp 和 xmlmodify.asp。并将这些文件存放在某一个文件夹中。

第三步：在 Web 服务器上的默认站点创建一个虚拟目录 xml，该虚拟目录对应的主路径为第二步存放文件的文件夹。

第四步：打开 IE 浏览器，输入 http://localhost/xml/7.4.2.htm，运行程序。

7.5 该你动手了

在学校教材管理系统中，现有班级信息存放在服务器中的一个 XML 文件（如下所示）中，设计一个程序，可按专业进行筛选，显示相应班级的信息。

```
<?xml version="1.0" encoding="GB2312" ?>
<教材管理系统>
  <所有专业>
    <专业信息 专业编号="01">
      <专业名称>软件技术</专业名称>
    </专业信息>
    <专业信息 专业编号="02">
      <专业名称>计算机网络技术</专业名称>
    </专业信息>
    <!--其他专业信息-->
  </所有专业>
  <所有班级>
    <班级信息 班号="0000101051" 所属专业编号="01">
      <班级名称>软件 0501 班</班级名称>
      <班级人数>46</班级人数>
    </班级信息>
    <班级信息 班号="0000101052" 所属专业编号="01">
      <班级名称>软件 0502 班</班级名称>
      <班级人数>43</班级人数>
    </班级信息>
    <班级信息 班号="0000102051" 所属专业编号="02">
      <班级名称>网络 0501 班</班级名称>
      <班级人数>55</班级人数>
```

```
    </班级信息>
    <!-- 其他班级信息-->
  </所有班级>
</教材管理系统>
```

7.6 小结

本章介绍了 DOM 文档对象的相关内容。通过 DOM 文档对象的属性和方法，可实现 XML 文档创建、浏览、增加、删除及修改 XML 文档中的元素等内容。

7.7 习题

一、选择题

1．将子节点添加到节点列表的结尾时，使用________方法。

A．insertChild()　B．createElement()　C．appendChild()　D．insertBefore()

2．以下对象中，_________是 DOM 中的节点对象。

A．Document　B．Node　C．Element　D．Text

3．以下对象中，________表示 XML 文档的根。

A．Document　B．Node　C．Element　D．Text

4．________属性返回 NodeList 类型。

A．firstChild　B．lastChild　C．childNodes　D．nodeName

二、填空题

1．___________属性返回节点的节点类型。

2．装载 XML 文件使用的方法是___________。

3．根节点的 nodeValue 值为___________。

4．创建拥有指定名称的属性节点的方法为___________。

5．____________属性返回该节点的下一个兄弟节点。

三、思考题

1．什么是 DOM？简述 DOM 的工作原理。

2．DOM 树中主要有哪些不同类型的节点？列举所有类型节点共有的常用属性。

3．利用 DOM 编程访问客户端 XML 文档与访问服务器端 XML 文档有什么区别？

参 考 文 献

[1] Bray T，Paoli J，Sperberg-McQueen C M. Extensible Markup Language(XML) 1.0. 5th ed. [EB/OL]. [2008-11-26]. http://www.w3.org/TR/2008/REC-xml-20081126.

[2] Bert Bos，et al. Cascading Style Sheets Level 2 CSS2 Specification [EB/OL]. [2008-04-11]. http://www.w3.org/TR/2008/REC-CSS2-20080411.

[3] Henry S. Thompson，et al. XML Schema Part Structures. 2th ed. [EB/OL]. [2004-10-28]. http://www.w3.org/TR/2004/REC-xmlschema-1-20041028.

[4] Paul V. Biron，et al. XML Schema Part Datatypes. 2th ed. [EB/OL]. [2004-10-28]. http://www.w3.org/TR/2004/REC-xmlschema-2-20041028.

[5] Chark J，et al. XSL Transformations(XSLT) Version2.0 [EB/OL]. [2007-01-23]. http://www.w3.org/TR/2007/REC-xslt20-20070123/.

[6] Anders Berglund，et al. XML Path Language(XPath)2.0 [EB/OL]. [2007-01-23]. http://www.w3.org/TR/2007/REC-xpath20-20070123/.

[7] Arnaud Le Hors，et al. Document Object Model (DOM) Level 3 Core Specification [EB/OL]. [2004-04-07]. http://www.w3.org/TR/2004/REC-DOM-Level-3-Core-20040407/.

[8] Johnny Stenback，et al. Document Object Model (DOM) Level 3 Load and Save Specification [EB/OL]. [2004-04-07]. http://www.w3.org/TR/2004/REC-DOM- Level-3-LS-20040407/.

[9] Ben Chang，et al. Document Object Model (DOM) Level 3 Validation Specification [EB/OL]. [2004-01-27]. http://www.w3.org/TR/2004/REC-DOM- Level-3-Val-20040127/.

[10] 栗松涛．XML 程序设计[M]．北京：清华大学出版社，2001.

[11] Michael Morrison，et al. XML 揭秘—入门・应用・精通[M]．北京：清华大学出版社，2001.

[12] Elliotte Rusty Harold．XML 宝典[M]．马云，等译．北京：电子工业出版社，2002.

[13] Mark Baartse，Richard Blair，等．ASP 与 XML 高级编程[M]．北京：清华大学出版社，2002.

[14] 王震江．XML 程序设计[M]．北京：中国铁道出版社，2006.

[15] 刘怀亮，等．XML 编程原理与实例教程[M]．北京：冶金工业出版社，2007.